PARFUMS DE LÉGENDE

フランス香水伝説物語

文化、歴史からファッションまで

アンヌ・ダヴィス／ベルトラン・メヤ＝スタブレ
Anne Davis　Bertrand Meyer-Stabley
清水珠代 訳
Tamayo Shimizu

原書房

1862年から、アルマン・ロジェとシャルル・ガレが、ジャン・マリーア・ファリーナのオリジナル処方を受け継いだ。

ジャン・マリーア・ファリーナは、香水をケルンで売り出した。「ロゾリー」という細長いボトルは、亜麻、蜂蠟、樹脂でしっかり密封されていた。

ケルン香水博物館は近代香水産業の父、ジャン・マリーア・ファリーナに今なお敬意を捧げている。

角をなめらかにした
シンプルな直方体の
ボトルは有名。

マドモアゼル・シャネル、1962年。

ファッションショーで、
鏡張りの階段の
最後列に陣取ることは
最高の名誉だった。

ホテル・リッツのスイートルームにて。
ココ・シャネルが、香水の海外向け
プロモーションをおこなったときの写真。

マリリン・モンローが寝る時まとったのは
No.5の香りだけだった。

カンボン通りのミューズとなったキャロル・ブーケ。

1927年のヴィンテージ広告。

近代香水史上初のオリエンタル系。

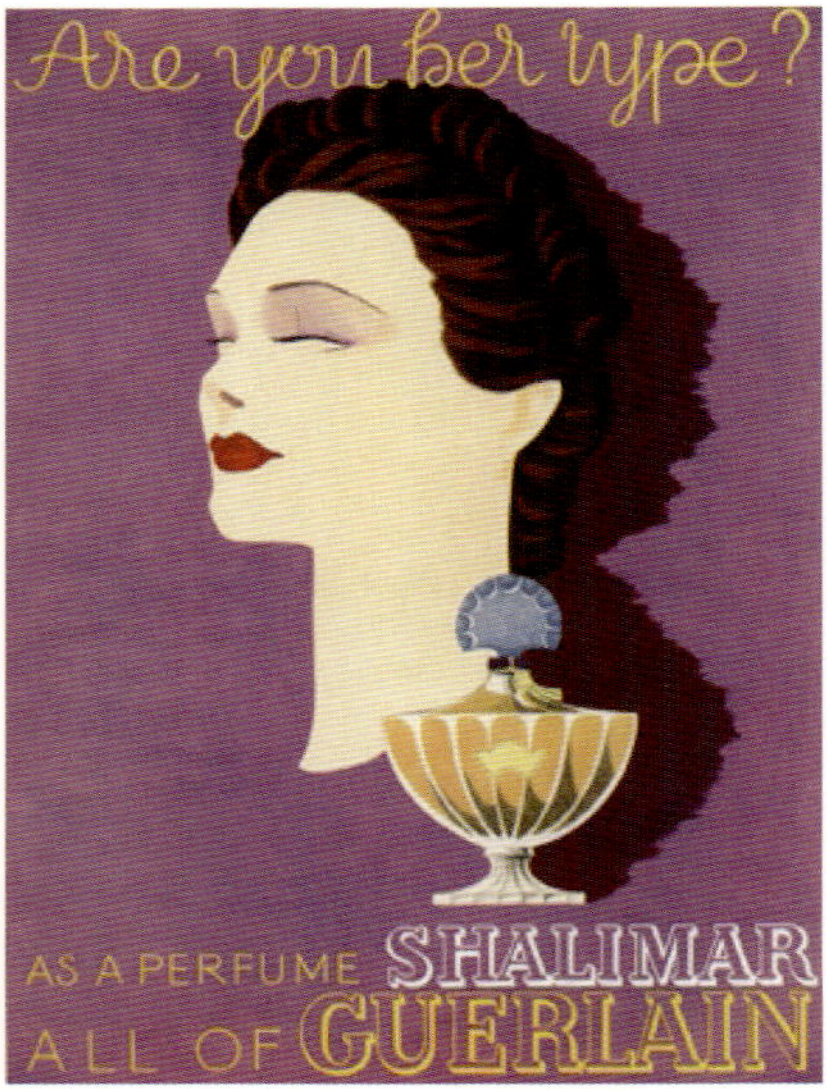

シャリマーは瞬く間に世界中でヒットした。

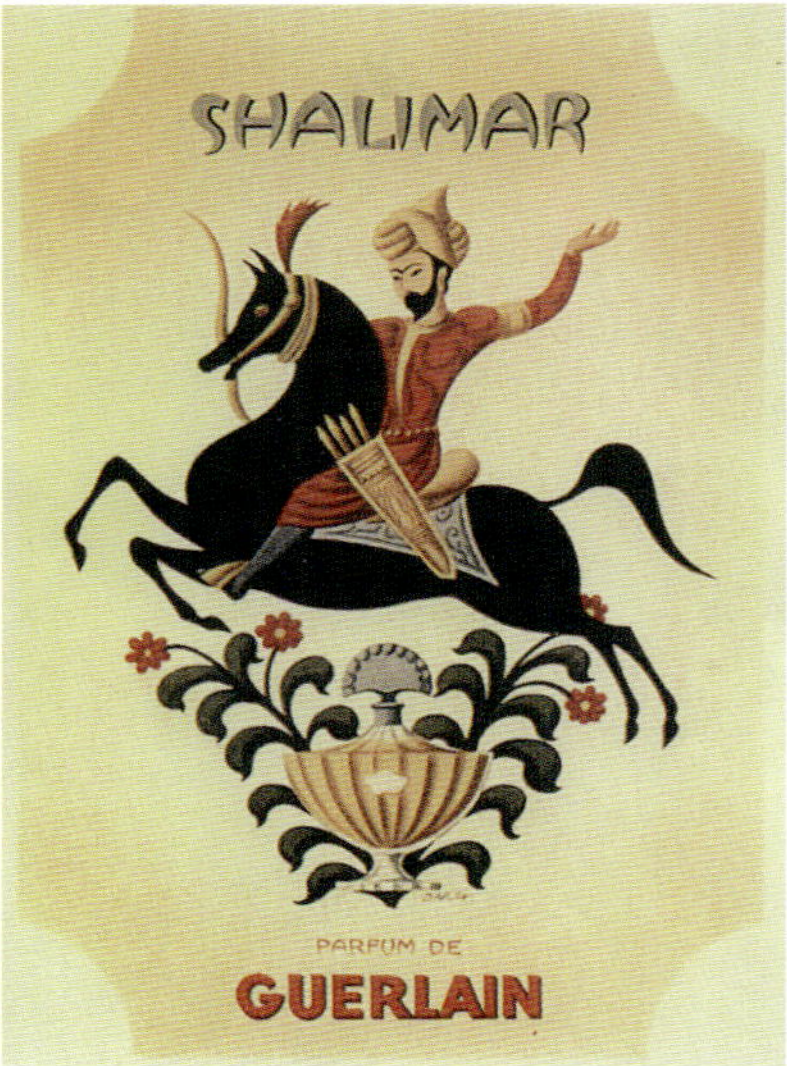

ムガール帝国皇帝シャー・ジャハーンの
ムムターズ・マハル妃への情熱は
愛の賛歌となった。

存命中から不動の地位を築いたジャンヌ・ランバン。

メゾン・ランバンの香水の成功を象徴するアルページュの「黒玉」ボトル。

ポール・イリブが描いたといわれている、
この「女性と子ども」の絵はランバンの象徴である。
ジャンヌ・ランバンと娘がモデル。
アルページュはこの娘のために創られた。

時代にあうよう処方に若干の変更をくわえつつも、アルページュは洗練の象徴でありつづける。

1930年に創られた
世界で最も高価な香水は波紋を呼んだ。

アメリカ渡航の時のパトゥ。
寸分の隙もない伊達男だった。

永遠に豪奢と
上質のシンボル。

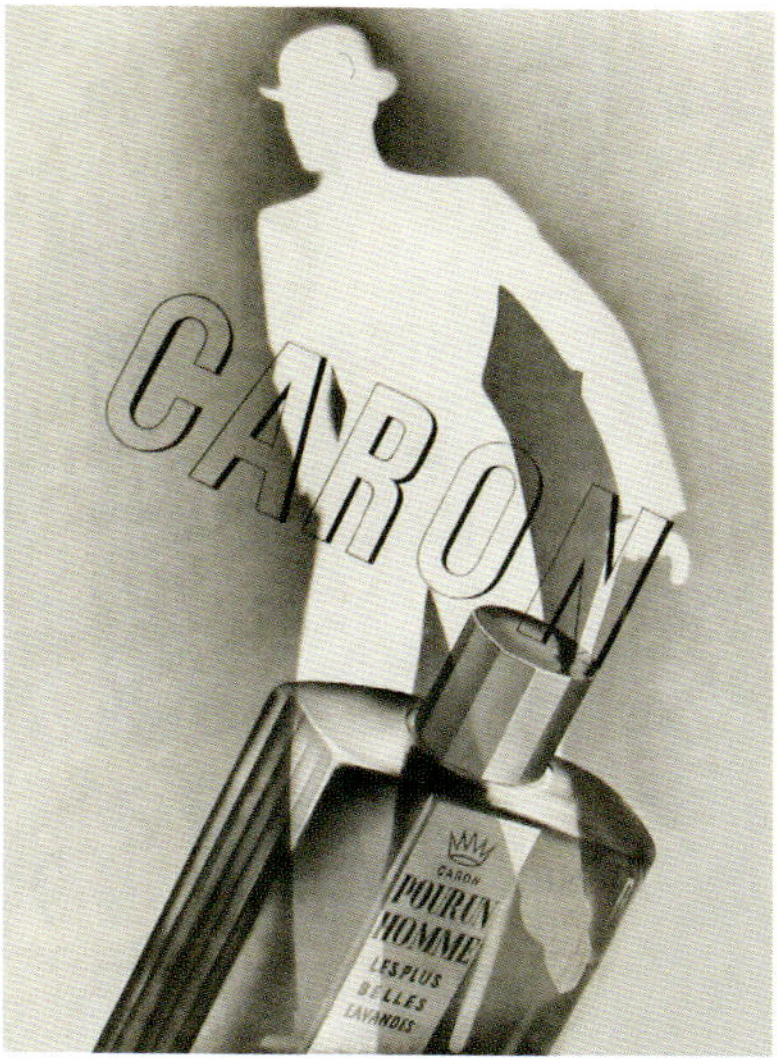

変わらぬエレガンスをそなえた
男のための初めての香水。
素晴らしいラヴェンダーの香りを
ヴァニラの香調が引き立てる。
1934年の野心作。

画家マルセル・ヴェルテスがキャンペーン広告を担当した。

ココ・シャネルの宿命のライバル、エルザ・スキャパレリ、一九三二年。

スキャパレリらしい型破りな香水、ショッキング。レオノール・フィニがボトルをデザインした。

「鼻(ネ)」エドモン・
ルドニツカの名作、
あたたかく官能的な
フルーティシプレ。

マルセル・ロシャスは、
ファッション史における、
才能と革新性と
オリジナリティをかねそなえた
クリエイターの系譜を継いだ。

ミューズからビジネスウーマンとなった
美しいエレーヌ・ロシャス。

1946年、マダム・カルヴァンがマ・グリフを創ったとき、彼女の念頭にあったのは若々しい香りだった。緑と白のストライプの包装はそれを印象づけた。

1957年、
マダム・カルヴァンとモデルたち。彼女は生涯に2万5000着、すなわち年間600種類のドレスをデザインした。

クリスチャン・ディオールとモデルのルネ、1957年。

黒と白の千鳥格子の「ミス・ディオール」。

クリスタルメーカー、バカラは、新興メゾン、
ディオール初の香水のボトルをアンフォラ型に仕上げた。

1948年、
レールデュタンの初めてのポスター。

かぎりなくロマンティックなボトル。オリジナルボトルはキャップに一羽の鳩が彫られていた。その後マルク・ラリックが、二羽の鳩がクリスタルのつむじ風の上に止まるデザインにし、ボトルはコレクターたちの垂涎の的となった。

大きな存在となった小さな
クチュリエール、ニナ・リッチ、
マルソー通りのアパルトマンにて。

1954年、女優オードリー・ヘップバーンのために創られたランテルディが商品化されたのは1957年だった。

1959年、
ミューズとなったオードリー・ヘップバーンとともに。

ユベール・ド・ジバンシーは1952年から1995年まで、パリのオートクチュール界に独自のエレガントスタイルを示した。

カレーシュという名前は1900年代の優雅な小型四輪馬車を思わせる。

メゾン・エルメスから四番目に出た香水だが、初めて世界的に有名になった。

サン＝ローランは「中国の皇后に捧げる香水」を夢見てオピウムを創った。火色の花を思わせるようなオリエンタルな香りがほしかった。

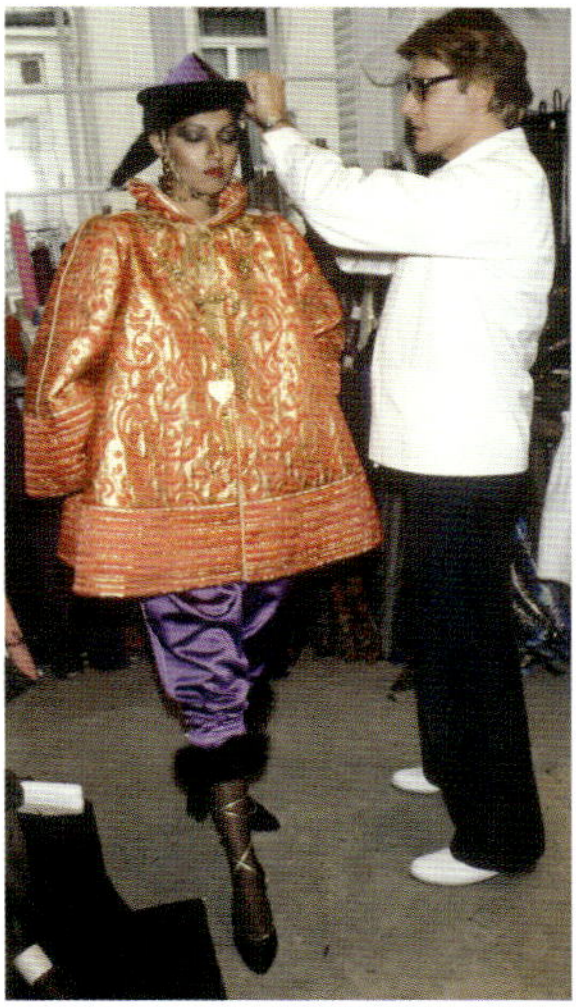

イヴ・サン＝ローランは慎重と大胆、簡素と派手を兼ね備えたファッションで、衣服を芸術の域に高めた。

オピウムは香水の歴史に残る作品となった。魅力的な広告キャンペーンを張り、マーケティングと連動してつくられた最初の香水だったからである。このときはリンダ・エヴァンジェリスタとルパート・エヴェレットを起用。

世界中の船員がルマルとともに母港にたどりついた。

彼にかかれば、エキセントリックでエクレクティックな（多義性を持つ）言葉もシックと見事に調和する。

水兵服をまとった、腕と顔のない筋肉隆々の男の上半身をかたどったボトルは、瞬く間にコレクションの対象となった。

フランス香水伝説物語◆目次

読者よ、きみは時おり吸ったことがあるか、
ゆっくりと味わいしめては陶酔しつつ、
ひろがって教会をみたす香のひと粒、
はたまた、匂袋に古くしみこんだ麝香を？

現在の中にとりもどされた過去が
われわれを酔わせる、深く、魔術的な魅力！
たとえば愛する男は崇める身体の上に
思い出の妙なる花を摘む。

——「香り」（シャルル・ボードレール『悪の華』阿部良雄訳、ちくま文庫）

まえがき

香りほど連想をよぶものがあるだろうか。香りはさまざまな思い出を秘めている。ふとしたときにかいだ香りが追憶をさそうことがある。あるバラの香りが、大好きだった祖母に抱かれた昔の記憶をよびさます。オー・ド・ラヴァンド（ラヴェンダーのオードトワレ）に父の面影が浮かぶ。さわやかな香り、しっとりした香り、軽やかな香り、花の香り、木の香り、ムスク（麝香《じゃこう》）の香り、さまざまな芳香がわたしたちの生活を心地よく彩る。

parfumという言葉の起源はなにかという疑問がまずわいてくる。動詞の方が、名詞より先に生まれたようだ。おそらくラテン語で煙を出す、燻《くゆ》らせることを意味する《fumare》に接頭辞の《per》（「…を通して」の意）がつき、そこから煙に身をさらす、すなわち芳香あるいは悪臭を身にしみこませるという意味の《fumigation》（燻蒸）につながった。《perfumer》が何らかの物あるいは人に、天然あるいは人工の心地よい香りをしみこませるという意味を帯びるようになったのは、一六世紀になってからである。

香料製造の歴史は、もっと複雑だ。つねに文化の発展や技術の進歩と関連しているが、所々断絶がある。香料は快楽や誘惑の原因でもあったが、神に近づくための宗教的儀式に昔からもちいられ、その後、健康や贅沢のしるしとなった。

香料の発明は東洋からのようである。芳香薬の入った紀元前三千年代の陶壺がイランで見つかっている。香料使用の最初の痕跡は、メソポタミアの青銅器時代にさかのぼる。この時代には、人間と神々の交流に役だっていたようである。

とはいえ、地中海全体における香料使用の先駆者はエジプト人であり、香料は儀式において重要な位置をしめた。インセンス（香《こう》）、芳香薬、香油など芳香を放つものはすべて、神から発したものと考えられた。たとえば、ホルス（エジプト神話の神）に差し出された没薬《ミルラ》は、神の手足から作られたものと考えられた。祭司たちは、香りを放つさまざまな物質をもっていた。それらはミイラの防腐保存のため、神殿の作業室で祭司みずからがつくったものだった。朝は松脂、正午は没薬《ミルラ》、夕刻にはもっとも神聖な香りの「キフィ」が焚かれた。エドフ神殿の壁にはその処方が書かれている。ハニー、ジャスミン、バラ、ぶどう酒、インセンス（香《こう》）は欠かせない材料だった。まもなく、香料は人が身につけるものになり、とくに女性に好まれ、贅沢品になった。

エジプト人はすでに、植物の蒸留にもちいられるアランビックという道具を使用していた。アランビックという名前はアラビア語 *al 'inbiq* に由来する。アランビックは四つの部分からなる。植物を湯煎にかける容器と、それをおおうキャップ。このキャップには円錐形の管がついていて、そのなかで発生した蒸気が管の湾曲した部分に集まる。さらに微粒子は冷却器すなわちらせん管に運ばれる。

この冷却作用により、蒸気が圧縮され、香りのする揮発性の分子となる。芳香性分子は液体となって別の容器に集められる。この型のアランビックは、長い年月をへて、今なおもちいられている。

国の征服や商業の発展によって、地中海は文明の一大交流圏となった。紀元前八世紀から五世紀にかけ、アラビアでは香油やポマードやインセンス（香《こう》）を作るのに欠かせないあらゆる芳香が生まれた。古代ギリシアでも、神々を崇め永遠の命を得るために、香が祭壇で焚《た》かれた。しかしまもなく香料の店は、現代のカフェのように、人々が集まっておしゃべりする流行のたまり場になった。ローマもギリシアと同様の慣習をとりいれ、香料は次第に宗教と無関係に使用されるようになる。

現存するいくつかの論文によると、古代、三千年にわたって香料は、芳香を放つ物質の粉砕、すりつぶし、圧搾、蒸留、濾過といった原始的な方法で作られた。ギリシア、イタリア、イスラエルでおこなわれた考古学上の発掘調査の際、香料製造にもちいられた装置の一部が見つかっている。紀元前六世紀のコリントでは、東洋の香料取引、香料の精製、陶製の瓶の制作が連係しておこなわれていた。

ローマ人はギリシア人よりつねに若干遅れており、ローマのいたるところで香料商が店を開くようになったのは紀元一世紀のことだった。平民も世襲貴族《パトリキ》もそうした店に通い、エジプトや小アジアやアラビア産の香料が売られた。バラの香りのバームはたいへんな人気だった。初期キリスト教徒は香りをつける習慣をいさめ、とくに女性にはこれらのバームを塗ったりせず、体臭を消さず自然のままでいるよううながした。

人々は香りを身につけることに、一層熱中するようになったが、香料の治療的役割が忘れられたわけではなかった。古代ローマの薬品は、植物療法やアロマテラピーが中心だった。薬品の大半は、動物性や鉱物性の成分からなり、その後ムスク（麝香《じゃこう》）やシベット（霊猫香）などは香料の製造においてももちいられた。不眠症の患者に、よく眠ることで有名な動物、オオヤマネの脂をこめかみにすりこむようすすめることも当時はめずらしくなかった。ヒポクラテスもアテネの町からペストを根絶するため香料を使用した。香料製造にたずさわる者は決してコレラにかからないといわれた。

ヨーロッパの中世は文明の揺籃期だったが、東方ではアラビア文化が花開いた。この地域では、薬局と香料商はほぼ同義語だった。もともとイスラム教徒にとって化粧品の使用は、ユダヤ人やキリスト教徒との区別をつけるためのものだった。宮殿ではバラ水が泉から湧き出ていた。

ヨーロッパでは、一一世紀になってようやく香料製造業が発達した。当時の湯治場は古代ローマのものとは似て非なるものだったが、自宅あるいは公共の浴場が定着し、蒸気によって効果がいっそうあらわれる香料が利用された。中世初期、薬品製造はまだ修道院に集中していた。香水が流行するにつれ、香料植物の栽培がまたたくまに修道院の庭園でさかんにおこなわれるようになった。君主や王族は領地に植物園を作りたがった。

アルコールについての記述が見られるのは八世紀のイタリアにおいてだが、一四世紀になってようやくエチルアルコールが発見され、ローズマリーのアルコーラ（アルコール抽出物）が初めて作られた。これが有名なハンガリー王妃の水であり、王妃の若さと美貌はこれで保たれているといわれた。

新大陸の発見によってあらゆる種類の香料が供給されるようになった。一五世紀になると樟脳とベンゾイン（安息香）はもはやめずらしいものでなくなり、バラ、レモン水、ジャスミンと組み合わせると非常に香り高い水ができた。もっとも洗練された品を生み出していたのはイタリアだった。一五三三年にカトリーヌ・ド・メディシスがアンリ二世と結婚するためフランスに来たとき、彼女はフィレンツェのサンタ・マリア・ノヴェッラの修道士たちの手による特製の「王妃の水」を持参した。彼女はおかかえ調香師ルネ・ル・フロランタンがパリのシャンジュ橋で開いた店には、上流階級の人々が集まった。ルネ・ル・フロランタンも一緒につれてきた。樟脳《しょうのう》やカモミールの香りの水、スミレやイリスやバラの粉、レモン石鹸、ヴィネグル・ド・トワレット、口臭予防のコリアンダーやショウガのキャンディにいたるまで、この店で売られていた。さらに厄介者をあっさり始末していたこの時代のこと、よく効く毒薬まであった！

一七世紀と一八世紀は、フランスの香水製造においてきわめて重要な転換期だった。調香師《パルフュムール》という職名が最初に登場したのは一七世紀初めである。ヴェルサイユではありとあらゆる種類の香料が大量に消費された。当時の人々はあまり体を洗わなかったので、香りのするポマードを塗った。かつらをイリスのパウダーで白くし、下着や服に香りをしみこませた。においを袋を縫いつけたりもした。ポプリを焚《た》き、オーデコロンをふりかけた。ミシュレによると、「ルイ一五世の時代、香りをつける習慣は大流行した。宮廷では毎日ちがった香りをつけることがエチケットとされ、ヴェルサイユは香り立つ宮廷とよばれた」。

調香師という看板を最初にかかげたのは、その資格ありとみなされたパリの手袋製造業の親方たちだった。当初、彼らは香りつき手袋を作っていたが、やがて店には石鹸、ポマード、香りつきの水があふれるようになった。その一人、シモン・バルブは王太子のおかかえ調香師で、一六九九年、同業者向けに概説書『国王の調香師』を書き、あらゆる香料の製造に必要な花をどのようにして採集するかについて助言している。

モンペリエやグラースのようなミディ地方の都市は、フランスの香料製造業の発達において中心的な役割を果たした。フラゴナール家のような香料製造業を世襲する家系も生まれた。しかしモンペリエが早々と衰退したのに対し、グラースはそのまま香料の分野で成長をつづけ、今日もなお世界中の人々を惹きつける香水の都となっている。

もっともよく使われる香りは、花の香りである。ジャスミン、ローズ、ヒヤシンス、オレンジフラワーは香水によくもちいられた。パウダーのベースとなるのはイリスかフランギパニが多かった。東洋からは、サンダルウッド、ベンゾイン（安息香）、クローブ（丁子）、あるいはフローラルノートを強調するためにもちいられたりするインセンス（香《こう》）がもたらされた。オードトワレの医療的使用は依然として続いており、一八世紀後半になるとようやく下火になった。

同時に磁器やガラスの製造技術が発達し、意匠を凝らした瓶が作られるようになった。これらの瓶は、ときにはサメやエイの皮を貼ったりニスを塗ったりした木の小箱に大切にしまわれた。香りをつけたいときにいつでも手にとれるよう、小さな瓶も登場した。

自然科学がめざましく発達するにともない、植物学と化学が香料製造の技術に大いに生かされることになった。学者たちは香料植物の構造を研究し、香りの性質そのものを調べた。こうした探究が進み、より繊細な製品が求められるようになった。香料はあいかわらず新鮮な植物の蒸留によって作られていたが、やがて温浸抽出法（マセラシオン）ももちいられるようになった。豚脂や牛や羊の腎臓の脂を溶かしてまぜたものの上に花をならべ、ポマードを作る方法である。

しかしフランス革命によって状況が一変した。一七九一年、手袋製造兼調香師の親方たちの同業組合は解体された。とはいえ気概のある調香師たちはみずから打って出て売り込みをかけた。ナポレオンの最初の妻ジョゼフィーヌ・ド・ボアルネはそうした新しい濃厚な香りを好み、身につけてはうっとりした。彼女に「自然」なままでいる方を望んだナポレオンはその香りが大嫌いだった。自分が帰るまで体を洗わないでいてほしいと、ジョゼフィーヌへの手紙に書いたくらいである。しかしナポレオン自身もつねにオーデコロンをふんだんに使っていた。セントヘレナでお気に入りのオーデコロン、ジャン＝マリー・ファリナを切らしたときは、島の植物を蒸留して同じものを作ってみてほしいと頼んだ。

一九世紀後半には、化学の成果がますます香料製造に生かされるようになった。医師であり有名な香水メーカーを創業したピエール＝フランソワ・ゲラン（日本ではゲランと呼ばれているがフランス語の発音はゲルランに近い）は、フレグランスの先進国イギリスで化学を学んだ。合成香料を使って香水をつくったのは彼が初めてである。従来の芳香物質に人工成分をくわえることにより、天然素材本来の香りを超えたものになる。一八八九年、ピエール＝フランソワの息子エメ・ゲランによって伝説の香水「ジッキー」が誕生したのは、ヴァニラの芳香成分であるヴァニリンが工業的に生産できるようになったからである。化学と工業が香料製造にかかわるようになった結果、こうした香料が大量生産され、大衆化した。

名調香師エルネスト・ボーはいち早くこの合成香料という新しい物質に着目し、調合の幅を大きく広げた。合成香料がなければ、一九二一年、シャネルのためにあのNo.５を創ることもなかっただろう。

その後数十年の間に、二〇世紀フランスの香水産業を代表するキャロン、ランバン、シャネル、パトゥといった名門が、先駆者ゲランの後を追うように誕生した。香水製造の工業化時代の幕開けだった。さらにその後、セルジュ・ルタンス、アニック・グタール、ラルチザン・パフューム、フレデリック・マルといった小規模なメーカーも新たに登場した。

香水は貴重な言葉をもっている。誘惑、挑発、罠にもなりうる。まわりの人たちをふりむかせたくて香りをまとうときもあれば、自分のためにだけつけるときもある。

しかし香水もほかの多くの贅沢品と同じく、一時の流行で終わるものもあれば時を超えて伝説となるものもある。本書ではその伝説となった香水について語りたい。この本にあげた一五の香りは、香水の歴史に名を残し、一時代を画し、愛用する女性たちやその香りにつつまれる男たちを、今なお魅了しつづけている。著名人が身につけ、贈り物として、つねに選ばれる一五の香水を紹介する。

各グランドメゾン専属の「鼻《ネ》」といわれる調香師の世界にも分け入り、彼らがどのようにして香料を組み合わせるのかをさぐりたい。彼らの創造的仕事と切り離せない錬金術をかいまみてみよう。神秘的な魅惑、陶酔、酩酊感、ふるえるような高揚の王国にしのびこむのだ。

製造にまつわる謎が、香水の魅力のひとつであるのはたしかだ。香水にふくまれる成分をいちいちあげてみてもその魅力に迫ることはできないかもしれない。ひとつの香水は、一編の詩のように成り立っており、多くのインスピレーションが言葉にのせられないまま潜んでいる。とはいえ、パチュリ、ベチバー、イランイラン、ベルガモット、ブルガリアンローズなど、不思議な謎につつまれた夢のような花々の名前はどれも美しく、香りを放ちながら祈りの言葉のようにたえず甦ってくる。異国の言葉で語られる美しい物語のようだ。香水の物語である。まさに豪奢とエレガンスと美にかんする概念を象徴している。

というのも香料は、なによりも心を虜《とりこ》にするからである。人を夢中にさせる秘密の力、花々の魔力、その香りのエキス、不思議な力をもつ分子、究極の基本粒子であり、幸福のやさしい約束なのだ。

第*1*章　ジャン＝マリー・ファリナのオーデコロン

　香りのついたバーム、ローション、軟膏は大昔からあった。エジプト人は非常に清潔好きで、こうしたものをすでによく使っていた。オレンジフラワー水やローズ水は時代が下るにつれ普及していった。しかし、香りが立つのに不可欠なエチルアルコールが発見され、アルコールベースの香料製造が一般に広がったのは一四世紀になってからだった。香水瓶が軟膏用壺やバーム用壺にとってかわり、ペーストより液体が主流となった。

　初期の有名なオードトワレのひとつに、「ハンガリー王妃の水」がある。ハンガリー王カーロイ・ローベルトの妃となったポーランド王女エルジェーベトのために、一三七〇年に作られたアルコールベースのローズマリー水である。王妃は生涯この香水を愛用した。彼女はこの素晴らしい水を天使の手からさずかり、そのおかげで美貌をたもったという伝説が伝わっている。アルコールに漬けたローズマリーをベースにしたフレグランスは、やがてラヴェンダー、ベルガモット、ジャスミン、アンバーグリス（竜涎香）もくわえられ、より豊かになった。

「ハンガリー王妃の水」は、万能薬と考えられていた。香りを楽しむために身につけただけでなく、若返りと治療の効果もあるといわれていた。マントノン夫人は、自分が創設したサン＝シールの聖ルイ王立学校の少女たちに、動悸、耳鳴り、腹痛に効くといって勧めた。ルイ一四世の宮廷でも流行し、セヴィニエ夫人とその娘グリニャン夫人のお気に入りの香りでもあったようである。この特別な香水は「ハンガリー水」という名でフラゴナール社が今も販売している。

「ジャン＝マリー・ファリナのオーデコロン」については、二通りのいわれがある。

ひとつ目の説によると、ミラノ出身の若いイタリア人で、ドイツのケルンに移住したジャン・パオロ・フェミニスが、一六九五年にベルガモット、セドラ、ローズマリー、シトロンの香りをつけたアルコールベースの水を作り、「アクア・ミラビリス」（素晴らしい水）と名づけた。当時フィレンツェのサンタ・マリア・ノヴェッラ修道院で作られていた「アクア・ディ・レジーナ」（王妃の水）に触発されたといわれている。

ジャン・パオロ・フェミニスは、やはりケルンに移って来たイタリア人化学者ジャン・マリーア・ファリーナ（甥あるいは姪の息子という説もある）に香水の処方を伝えたらしい。一七三六年、直系の子孫もないまま死期が近いことを感じたフェミニスから調合の秘密をさずけられたジャン・マリーア・ファリーナは、この香水を世界中に広め、ジャン＝マリー・ファリナと名のるようになった。

「アクア・ミラビリス」はアルコール、ローズマリー、メリッサ、ネロリ、ベルガモット、セドラ、シトロンで構成されていることが明らかになった。身だしなみのための水だった。八割をしめるトップノートはすぐに香りがたち、香跡を残さない。またたくまに大人気となり、その評判を広めたのはフランス軍だった。

ヨーロッパの列強がのきなみ参戦した最初の大規模な戦闘のひとつであり、一七五六年から一七六三年まで続いた七年戦争の際、ルイ一五世の軍隊はケルンを占領した。将校たちが「ケルンの水」とよんで宮廷に伝えたこの驚くべき水を皆がほしがった。

その配合が広められると、「ケルンの水」の類似品が出まわるようになった。一七七〇年、ヤードレー・オブ・ロンドン社がラヴェンダーと柑橘類を組み合わせて「イングリッシュ・ファイン・コローニュ」として売り出した。パリでは一七七四年にミシェル・アダムなる人物が独自の香水を作り、「ア・ラ・レーヌ・デ・フルール」と名づけた香水店を開いた。アダムは「オーデコロン・デ・プランス」とともにヨーロッパ中の宮廷で一躍有名になった。彼の店は後にルイ・トゥサン・ピヴェールが経営するピヴェール家に買い取られることになる。ピヴェールは後に、自分の名前をとって会社名をＬＴピヴェールとした。

一七九二年、新たな香水がケルンに登場した。銀行家の息子、ウィルヘルム・ミューレンスは婚礼の祝いとして一人の修道士から素晴らしいフレグランスの処方を受けとった。その処方に従ってシトロン、ネロリ、ローズマリー、ラヴェンダーを調合すると、えもいわれぬ香りを作りだすことができた。そこでウィルヘルム・ミューレンスはグロッケン（鐘）通り四七一一番地に店を開き、この香水を売り出すことにした。その名も「本物のオーデコロン、４７１１！」だった。

　ファリナ家はこれに不服だった。一八〇八年、ファリナはパリに移り、サン＝トノレ通りで開業した。店はオーデコロンに目がない皇帝ナポレオン御用達となった。ナポレオンは、体に良いこの液体をかなり以前から愛用していた。イタリア遠征の際にオーデコロンを知ったと思われるが、あびるほど使うようになったのはエジプト遠征の時だったようである。当時一日一瓶使っていたといわれている。ナポレオンは、一週間で三〇リットル以上消費することもあったと、初代従僕コンスタンがいっている。


「ジャン＝マリー・ファリナのオーデコロン」物語の二つ目のヴァージョンは、ケルンのファリナハウス内の香水博物館に伝わる逸話である。ここでもやはりジョヴァンニ（ジャン）・マリーア・ファリーナ青年が登場する。彼は一六八五年、イタリアのピエモンテ州の北、サンタ・マリア・マッジョーレで生まれた。

　一七〇八年、二三歳のジャン・マリーアは、オランダで兵役についていた兄、ジョヴァンニ・バッティスタに、最近すごいものをつくった、と手紙を書いた。ジャン・マリーアは家族でもっとも鼻が利くと思われており、とうとう香水をつくったのである。「イタリアの春の朝、見事に咲いた水仙や雨上がりのオレンジフラワーを思わせるような匂いで、僕の感覚と想像力を刺激しながらさわやかな気分にしてくれる」という。

　ファリーナ家には、ひとつのしきたりがあった。息子たちは若いうちに、オランダのマーストリヒトにいるおじのジョヴァンニ・ファリーナのところへ行って修業する、というのである。おじジョヴァンニはヴェネツィア出身で、海外貿易で財を成していた。ジャン・マリーアもその決まりに従い、一七〇〇年代初め頃、おじの元で商売の手ほどきを受けるため家を出た。あまりのり気ではなかった。しかしこの修業時代にジャン・マリーアは旅に出るチャンスをあたえられてイタリアに帰った。そのとき、ローマ市内を流れるテヴェレ川のほとりでこの町特有の香りを感じた。フランスやコンスタンティノープル、地中海沿岸まで足を伸ばしたときも、ジャン・マリーアは香りの発見に胸が躍った。もともと彼は出会った人々をその人のもつ匂いによって分類するくせがあった。

ジャン・マリーアはケルンでようやく夢をかなえ、やりたいことにうち込めるようになった。高級品の取引に特化した会社をケルンでたちあげた兄ジョヴァンニ・バッティスタのおかげだった。一七〇九年、ファリーナ社が設立された。世界最古の香水製造会社である。

一七一四年、ジャン・マリーアはこの会社の一員となった。兄ジョヴァンニ・バッティスタが、香水創りのための場を提供しようといってくれたからである。彼の「オーデコロン」を商品化する絶好の機会が訪れた。ファリーナ兄弟は商品の宣伝のため、顧客全員に香りをつけたハンカチを配った。時代に先駆けたマーケティングのセンスだった。

ジャン・マリーアは洗練された香りにするため、ネロリ、ベルガモット、プチグレンが必要になると、原産地から精油を取りよせた。彼はとくに、精油をとる植物がどのような条件で育つかを知ろうとした。

たとえば、オーデコロンに使われるベルガモットは、まだ実が緑色をしているときに収穫され、果皮だけを蒸留して精油にする。ジャン・マリーアはベルガモットがケルンの店に着くとすぐにガラス瓶に移し替え、保存状態に気を配った。亜麻、蜂蠟、樹脂できちんと密封した。

調香師は自作のオーデコロンが他とはっきり区別できるものでなければならず、つねに同じ香りを維持する必要がある。芳香が収穫の状況によって変化するだけに、いっそうむずかしい仕事だった。香りを安定させるため、年度や原産地によっていくつかの種類を混ぜ合わせなければならなかった。このようにしてファリーナは、同じ結果となる約一二の精油の複雑な調合をこなした。異なる年度の香料の見本をとっておき、いつでも参考にして各産地の特性が確認できるようにした。

ヨーロッパの宮廷の人々はこの新しい香りに夢中になり、侍従が買い入れのために派遣された。上流社会や商取引の世界ではフランス語が主流だったので、一七四〇年、ジャン＝マリー・ファリナと名のることにした。もはやひいきの客を抱えるようになった。

一七六〇年、フランスから逃亡したカサノヴァはケルンに滞在し、この町でファリナの香水を初めて知った。オーストリアのヨーゼフ二世が妹のマリー・アントワネットに、この香水をふんだんに使って子だくさんになるようにと勧めたという逸話がある。オーデコロンをしみこませた布を秘所にあてれば、かならず妊娠しやすくなり、ルイ一六世の跡継ぎが産めるにちがいないと言ったという。ピョートル大帝は気分転換にオーデコロンをつけた。ケルンの司教でさえオーデコロンをつねに手放さなかった。

ジャン＝マリーのオーデコロンは当時、横倒しにできる「ロゾリー」なる細長い瓶で売られていたので、購入した後、ふつうの瓶に移し替えねばならなかった。ナポレオンはロゾリーを一本入れられる特別なブーツを作らせ、いつでももち歩いていたという。

その後一八三六年、縦にできる形の瓶が初めて作られ、オーデコロンはぐっと見栄えが良くなった。ジャン＝マリー・ファリナのサインが書かれたラベルつきの平たい瓶がさまざまなサイズで売られ、顧客を喜ばせた。

（『オーデコロン、ファリナの三〇〇年』の著者）マルクス・エクスタインによると、パリのファリナ社の創立者であるジャン＝マリー＝ジョゼフ・ファリナは、ジャン＝マリー・ファリナの甥（あるいは姪）の孫にあたる。一七八五年、有名なご先祖様と同じようにサンタ・マリア・マッジョーレに生まれたジャン＝マリー＝ジョゼフ・ファリナは一八〇四年にフランス国籍をえた。フェミニスのアクア・ミラビリスにまつわる伝説を守り抜いたのは彼である。ジャン＝マリー＝ジョゼフはより安価なオーデコロンを作ってドイツの親会社に対抗しようとした。フランスの製品はオリジナルのオーデコロンと異なるものにするという条件で、ケルンのファリナの同意をえた。

ケルンのファリナが勢いに乗って発展する一方、パリのメゾン・ファリナは経営者が変わることになる。一八六二年、アルマン・ロジェとシャルル・ガレがオーデコロンのオリジナルの処方を引き継いだ。偶然だが、ロジェとガレの妻はコラリー・コラスとオクタヴィ・コラスという二人の姉妹だった。彼らのいとこ、レオンス・コラスがその二〇年前に同じサン＝トノレ通りに店を出していた「ジャン＝マリー・ファリナ」社を買収していたのである。カタログは豪華で、品質は高く、世界中に名が広まっていた。ナポレオン三世、ヴィクトリア女王、スペインの宮廷にも愛用された。しかしレオンスは手放そうと考えていた。そこでロジェとガレがレオンスから買収することにしたのである。

共同経営者となったロジェとガレは事務所をドートヴィル通りに移転し、ルヴァロワに土地を買って工場を建てた。カプシーヌ通りに店を開き、さらにラ・ペ通りにも進出した。最初の年、コラリーとオクタヴィが小売店の経営にあたった。一八七二年、ロジェとガレはさまざまな種類のオーデコロン、(リンゴ酢ベースの)ヴィネグル・ド・トワレットや香水を売り出した。

また、ジャン＝マリー・ファリナから受け継いだ(現在の「エクストラ＝ヴィエイユ」にあたる)オリジナルの処方をもっているのは自分たちだとして、あらゆる分野の模倣者に対し裁判を何件か起こした。このため「4711」を除き、多くの競合他社が姿を消した。

一八九〇年、ロジェとガレの息子たちが後を継いだ。毎年新しいシリーズが登場していたが、やはり元となる「ジャン＝マリー・ファリナ」が飛ぶように売れた。

一八六〇年以来、香水産業は発達し、オーデコロンは一般的な製品になった。どの店も独自の香水をもとうとした。ゲランがその先鞭をつけた。

一八五三年、ピエール＝フランソワ＝パスカル・ゲランが「オー・アンペリアル」をつくり出し、ナポレオン三世の皇后ウージェニーに献上した。この非常に繊細な香りはベルガモット、ローズマリー、シトロン、オレンジフラワーで構成されていた。これが称賛され、正式に皇室御用達の称号をえた。以来ウージェニー皇后はゲランだけを愛用しつづけ、ヨーロッパ中の宮廷ではゲランの香水がひっぱりだこになった。オーストリア皇后シシ、ヴィクトリア女王、スペイン王妃はとくにごひいきだった。

オーデコロンは長いあいだ、どの家庭にも欠かせない製品でありつづけている。オーデコロンという名は濃度が低い香水を意味する普通名詞としてとおっている。香水メーカーは増えつづけ、贅沢なイメージもなくなった。「たっぷり使って元気になろう」というのが一九六〇年代にロジェ・ガレが「エクストラ＝ヴィエイユ」につけた宣伝文句だった。入浴後に大人だけでなく子どもにもこのオーデコロンを使うようになり、アンバーの香りの有名な「モン・サン＝ミッシェルのオーデコロン」を一緒につけることも多かった。

香水メーカーがつぎつぎとオーデコロンを売り出した。いち早く一九三〇年代にシャネルが出したのはベルガモットとネロリをベースにしたもので、調香師エルネスト・ボーの創作だった。

ゲランは「オー・デュ・コック」、「オー・ド・フルール・ド・セドラ」、「オー・ド・ヴェルヴェヌ」（残念ながら製造中止）、「オー・ド・ゲラン」など、さまざまなオーデコロンを発売した。

パルファンが同じ香りをたもちながら濃度を低くして「オーデコロン」、「オードトワレ」となることもあった。ジャン・ポール・ゴルティエが女性向けに「クラシック」、男性向けに「ルマル」をつくったように、サマーシーズンに向けて軽い香水を作るクリエイターもいた。

一九六〇年代以降、オーデコロンはやや時代遅れと思われるようになった。大衆化しすぎて、百貨店に安いブランドの製品があふれかえった。二〇〇〇年代になってようやく「本物」志向となり、高級感を少しとりもどした。

健康商品という神聖な役割を失ったものの、オーデコロンはひそかな楽しみとして復活した。二〇〇一年にティエリー・ミュグレーが創作した「コロニュ」など、新作がつぎつぎ登場した。「コローニュ」は従来のオーデコロンをベースにムスクと秘密の混合物をくわえたものだった。二〇〇九年、セルジュ・リュタンスが、「世界一高価なシャボン」とうたい、シャワーをあびたばかりのようにさっぱりした感覚の「オー」を発表した。

ロジェ・ガレは二〇〇〇年から「テ・ヴェール」「ジャンジャンブル」「ロトゥス・ブルー」という名の新しい香水を創作した。地中海沿岸の庭園にインスパイアされた「セドラ・ド・カラブル」、「ローズ・デュ・バンガル」、「ボワ・ドランジュ」といった新作も出た。しかし変わらぬ定番は、元祖オーデコロン「エクストラ＝ヴィエイユ」だった。これだけは深紅の箱に入れられていた。

ケルン市はこの町を有名にしたファリナに敬意を表し、市庁舎の塔に彼の像を建てた。博物館となったファリナハウスでは、オーデコロンの父ファリナの実験室や、魔法の水が保存されていたヒマラヤスギの樽を見ることができる。ジャン＝マリーア・ファリーナの後継者たちは伝統を忠実に守った。子どものいなかったジャン＝マリーア亡き後、今日まで家系が存続できたのは彼の甥のおかげである。三〇〇年の時をへても、「オーデコロンオリジナル」はこの名家の手中にある。ケルンとパリに分かれた二つのファリナ家は良好な関係を維持しつづけている。

ナポレオンの大のお気に入りだったオーデコロンだが、彼の前にデュ・バリー夫人が匂いをぷんぷんまき散らすのではなく、ほのかに香らせるためだけにつけていた。それこそ本来の使い方ではないだろうか？

第2章　シャネルの五番

「香水をつけない女性に未来はない」とココ・シャネルは名台詞をはいた。一九二一年、シャネルは初めてフレグランスを発表することにした。彼女の注文服店はすでに有名であり、パリ中にその名をとどろかせていた。香水はさらにシャネルの名声を高めてくれるはずだった。クチュリエが自分のブランド名で出す初めての香水になる！　当時、香水業界は調香師の独擅場だった。ポール・ポワレがシャネルより先に香水販売に進出していたが、クチュリエとしての自分の名前は出さず「ロジーヌの香り」と名づけた。

一九一九年、初恋の相手ボーイ・カペルが悲劇の死をとげた後、友人ミシアとホセ・セールは傷心のシャネルをなぐさめるため、イタリアとモナコへ旅行につれだした。シャネルがミシアに会ったのは、一九一七年に女優のセシル・ソレル宅で夕食をともにしたときだった。この気まぐれなミシアという女性はシャネルの生涯の友となり、芸術家の集まりに彼女を引き入れた。それはシャネルにとって唯一の大切な出会いの場だった。旅行から帰ったシャネルは元気をとりもどした。ビアリッツの別荘に滞在していたとき、別の友人マルト・ダヴェリからロシアのドミトリー大公を紹介された。大公はすぐにシャネルの新しい愛人になった。彼女はドミトリーを介してエルネスト・ボーと知り合った。エカチェリーナ二世に想をえたボーの香水「ブーケ・ド・カトリーヌ（エカチェリーナ）」をドミトリーは非常に高く評価していた。それは運命の出会いだった。

父親がフランス人だったエルネスト・ボーは、一八八一年モスクワに生まれた。兄エドゥアルドは、アルフォンス・ラレ社の経営者だった。サンクトペテルブルクで創業したラレ社はロシア皇帝のおかかえで、宮廷御用達の香水製造業者だった。ボーは一八九八年にラレ社に入り、石鹸製造と調香師としての仕事を覚えた。しかし一九〇〇年、彼は兵役につくためフランスに行った。ロシアに帰ったのは一九〇二年だった。そして調香技術をしっかり身につけ、一九〇七年、「鼻《ネ》」とよばれる調香師として認められ、主任に昇格した。

一九一二年、エルネスト・ボーはボロジノの戦いを記念して「ブーケ・ド・ナポレオン」という香水を創作し、初めて評価された。このフローラル系のオーデコロンは飛ぶように売れたが、一九一三年にロシアの偉大な女帝エカチェリーナ二世に捧げた「ブーケ・ド・カトリーヌ」の人気はそれには及ばなかった。第一次世界大戦が勃発するとボーはフランス軍に従軍し、一九一九年にようやく除隊した。つまり一九一七年のロシア革命の騒乱には遭わなかったことになる。妻のイライドは難を逃れ、子どもをつれてフィンランドにいたエルネストと合流し、さらに一家は船でフランスに向かった。二か月間の船旅の間に、イライドは別の男と出会い、血まよってしまった。フランスに着くやボーは離婚し、子どもたちの養育はイライドにまかせた。数年後、エルネストはイヴォンヌ・ジロドンと再婚し、娘マドレーヌが生まれた。

ラレ社が南仏カンヌに近いボッカのシリス社に買収され、エルネスト・ボーと同僚たちは親会社のもとで仕事をすることになった。当時シリス社の経営者だったのはジョゼフ・ロベールで、エルネスト・ボーは自分の人脈、すなわちドミトリー大公とのつながりを利用して会社の発展に尽力した。

シャネルに初めて会ったときエルネストは、コティ社[*1]の依頼で作ろうとしていた香水が、コストがかかりすぎるという理由で却下されたという話をした。シャネルが驚いてなぜそんなに高価になるのかたずねると、「ジャスミンです」とエルネストは答えた。「ジャスミン？　じゃあいくらでも入れてちょうだい。わたしは世界一高価な香水がほしいの！」、シャネルは言った。

シャネルはエルネスト・ボーに女性らしい香りのする女性のための香水を作るよう頼んだ。「わたしは女性が好き。だから人工の香りを女性にまとわせたい。ドレスのように人工的な、つまり人の手で作られたという意味よ。バラもスズランもいらない、私がほしいのは合成された香りなの」。新しい香水は戦後流行りだしたスミレ香水やラヴェンダー香水と同じようなものであってはならない。特徴がなければ、つまりリッチでなければならないのだ。

シャネルは、このリッチであることにこだわった。とはいえ、彼女は裕福な家庭に生まれたわけではなかった。

一八八三年八月一九日、ガブリエル・シャネルが生まれたのはソーミュールの教会の救済院だった。父アルベール・シャネルは服や小間物を市場で売る商人だった。アルベールがガブリエルの母親と結婚したのは、ガブリエルが生まれてから三年後だった。アルフォンス、リュシアン、ジュリア＝ベルト、ガブリエル、アントワネット、オーギュスタン（この末っ子は六か月で死んだ）の六人きょうだいだった。一二歳のときに母親が亡くなり、ココと父によばれていたガブリエルは二人の姉妹とともに孤児院に送られ、男の子たちは施設の子として農場にあずけられた。父親はふたたび行商人の仕事についたが、ガブリエルはその後の消息を知らない。父はそのまま姿を現わさなかった。

一八九五年から一九〇一年まで、ガブリエル・シャネルはオーヴェルニュのオバジーヌ修道院に入れられた。ここで彼女は黒い修道服と白いコルネット（頭巾）を日々目にしながら暮らした。ガブリエルには厳格な一面があり、作家ガストン・ボヌールは、彼女が修道院で育ったことを知らなかったにもかかわらず、「彼女にはパリで暮らす人というより修道会の設立者のようなところがあった」と述べている。

一九〇一年、ガブリエルはオバジーヌからムーランのノートルダム寄宿学校に送られた。そこで祖父母の末っ子で叔母にあたるアドリエンヌに再会した。叔母といっても同い年で、生涯ガブリエルにつき従うことになる。ガブリエルはこの頃にお針子の仕事を覚え、身のまわりの物専門だが婦人服や子ども服も扱う店でアドリエンヌと一緒に働いた。

ムーランはオバジーヌより大きな町で、駐屯地でもあった。すなわち素敵な軍人と出会えるチャンスがあった。若い中尉たちがカフェに気晴らしにやってくる。歌を歌うこの場所でガブリエルは歌手をめざそうとした。声量はあまりなかったが、彼女は人気があった。時は一九〇六年、昼は金持ち婦人の服を繕い、夜は舞台にたった。そしてエティエンヌ・バルサンというひいきの客ができた。

エティエンヌ・バルサンは裕福な家庭に生まれ、コンピエーニュの近くに牧場と城をもっていた。若いガブリエルにバルサンは夢中になり、高級娼婦のエミリエンヌ・ダランソンといういれっきとした愛人からのりかえた。ガブリエルは貧しい娘であり、魅力的ではあったが、結婚の対象ではなかった。バルサンは自分の女になるよう彼女にいい、生活のめんどうを見ると約束した。ガブリエルは貧乏生活から一転して安楽な囲われ者になり、城暮らしを知った。

エティエンヌ・バルサンのまわりには、彼と同じくスポーツ好きな社交界の楽しい仲間や、遊び好きでおしゃれな若い娘たちがいた。見た目が中性的なガブリエルは彼女たちと合わなかった。ネクタイやカノチエ（カンカン帽に似た帽子）を身につけ、ズボンをはいたりするとますます違和感がました。ガブリエルはその華やかな社交界を観察したが、自立を保つために、望むことはたったひとつだった。それは働くことだった。

ガブリエルが婦人帽子屋を開かせてほしいとバルサンに頼んだとき、彼はあまりのことに驚いた。宝石をねだらない女など初めてだった！　しかも帽子屋とは。しかし、バルサンのある友人がその願いを真剣に受けとめた。ボーイ・カペルだった。カペルは友人たちのように、身代をつぶすようなまねはしなかった。慎重な実業家で、ロンドンの上流階級とつきあいがあった。彼はガブリエルの才能に気づいたが、バルサンとの仲を裂くわけにはいかなかった。あってはならないことだ、と思っていた。

一九〇九年、ガブリエル・シャネルはパリに出た。マルゼルブ大通りのアパルトマンであいかわらずバルサンと一緒に暮らした。コンピエーニュで、シャネルが最初に出した帽子は好評だった。今こそ打ってでるときだった。帽子の型を買い、カノチエやクロシュ（釣り鐘型の帽子）に洗練された飾りをつけた。美女たちが競馬場で見せびらかすような、果実や鳥や羽根飾りのついた、つばの広い帽子とは似ても似つかぬものだったが、シャネルの帽子は社交界の女性やガブリエル・ドルジアら女優たちのあいだでひっぱりだこになり、センセーションをまきおこした。

バルサンは驚くばかりだった。一九一〇年、カンボン通り二一番地に開いたシャネルの最初の店に出資したのは彼だった。その店にボーイ・カペルの姿が頻繁に見られるようになると、バルサンは潔く身を引いた。美男で知性と教養にあふれ思慮深いボーイ・カペルは正真正銘、シャネルの恋人だった。カペルはシャネルを理想の女性に育て上げようと、芸術や文学の手ほどきをした。「カペルはホワイトフラワー、コロマンデル（インド南東部）の屏風、中国の家具や工芸品の鑑賞のしかたをシャネルに教えた。最初にすりこまれた意匠を彼女は生涯忘れなかった」と、シャネルが息子として育てた甥アンドレ・パラスの娘、ガブリエル・パラス＝ラブリュニーが語っている。カペルは一九一三年、ドーヴィルに開いた第二号店にも出資している。ドーヴィルの店はまさにシャネルらしいファッションが開花するきっかけになった。

シャネルは恋をしていたが、さらに一歩踏み出した。今や彼女の念頭にあるのは女性たちに自由をあたえること、つねに体をしめつけるような服から女性たちを解放することだった。第一次世界大戦が始まった一九一四年七月、ボーイ・カペルは召集された。シャネルはいっそう仕事に没頭し、長いあいだあたためていた計画を実行に移す決心をした。彼女は何メートルものメリヤス生地と英国製のフランネルを取りよせた。最初のモデル作品は少しゆったりめだが落ち着いた感じの一種のセーラー服だった。シャネルの店ではこのセーラー服だけでなく軽いジャケットや麻やコットンのスカートも置いていた。それはスポーツウェアの先がけとなった。気もちよく着こなせるファッションだった。シャネルはその勢いでビアリッツに二番目のスポーツウェアの店を出した。店には引きも切らず客がつめかけ、スペインの上流階級の間で大人気となった。しかし大戦中の一九一六年、生地は品薄になった。つねに快適な服を追求するシャネルは、ロディエ社のジャージーの在庫をすべて買い取ることにした。ジャージー生地はそれまで男性の下着用にしか使われていなかった。

他のクチュリエたちはまさかといった気もちだった。しかしシャネルは才覚を働かせた。着心地がいいでなく最高におしゃれな服を作ってみせたのだ。たちまち評判になり、アメリカのメディアまでが大きくとりあげた。シャネルはもはや三〇〇人近い職人を雇う身となり、お金も入ってきた。彼女の事業に経済的援助を惜しまなかったボーイ・カペルに借金を返すこともできた。一九一八年、彼女はパリの店を拡張し、カンボン通り三一番地に移した。

ボーイ・カペルは復員したが、昔ほどシャネルの元に来なくなった。もうカペルの心を独占すべきではないと彼女は感じた。彼はまもなく英国貴族の娘と結婚した。シャネルはくやしまぎれに腰まであった見事な褐色の髪を切った。

ボーイ・カペルは結婚してからもときどきシャネルを訪ねてきたが、やがて悲劇が起こった。一九一九年、クリスマスの数日前、カペルは交通事故で亡くなった。シャネルはうちのめされた。カンボン通り三一番地の新しい店でひたすら仕事にうち込むしかなかった。

一九二〇年代初め、八歳年下のブロンドの美青年、ドミトリー大公がシャネルの前に現れると、彼女のデザインはロシアの伝統的なモチーフに影響を受け、金、刺繍、毛皮がアトリエにあふれた。すでに彼女がストラヴィンスキーとその家族を住まわせていた、パリ郊外のガルシュの別荘にドミトリーもよびよせ、彼の紹介で、国難を逃れて亡命してきた貴族の女性たちと知り合い、彼女らを店に雇い入れた。シャネルは上流階級の人々をうまく利用し、おかげで一銭もかけずに作品の売り込みに成功した。ジュリア＝ベルトとアントワネットという二人の姉妹があいついで自殺した後、ドミトリーもまたシャネルの大きなささえだった。彼女はジュリア＝ベルトの息子アンドレ・パラスを養子にし、死ぬまでその家族のめんどうをみた。

独自の香水を創ることは、シャネルの事業の延長線上にあった。エルネスト・ボーとの出会いはまさに決定的だった。香料の配合が絶妙だっただけでなく、初めて脂肪族アルデヒドを高い濃度でもちいたという点で画期的だった。従来、調香の世界ではほんのわずかしかもちいられなかった合成物質だったが、エルネスト・ボーは一九〇〇年代から試験的に使っていた。

シャネルはそのフレグランスにジャスミンを大量に入れるよう頼んでいた。また彼女は「わたしが気に入らないものは流行遅れにする」つもりだった。それは口癖でもあった。

エルネスト・ボーはまさにうってつけの人材だとシャネルは思った。ボーが一八九八年に香水製造業界に入ったとき、使われる香料の数はかぎられていた。処方はシンプルで、ローズ、ゼラニウム、ローズウッド、クローブ、パチュリ、ベルガモット、シトロン、ネロリ、ラヴェンダー、そしてスチラックス（蘇合香）、ガルバナム、ベンゾイン、ミルラ（没薬）、オポポナックス、インセンス（香《こう》）といった同じような香料がくりかえし使われていた。香りは逃げるのが早く、やや濃厚なことが多かった。エルネスト・ボーは、合成香料を使えば新しい香調が生まれるのではないかと期待した。彼は一九一九年に兵役を解かれて帰省したとき、No.５につながる新しい香りの構想をえたとよく語っていた。彼は北極圏で白夜の季節を経験した。その時、湖と河からたち上っていた独特のさわやかな香りをシャネルのために再現したいと思った、と彼は述べている。

何か月も試行錯誤を重ねたあげく、ようやくボーは試作品をシャネルに見せることができた。一から五、二〇から二四までの番号がうたれた一〇本のガラス小瓶がシャネルの前にならべられた。いずれもローズドメとジャスミンがベースだったが、アルデヒドの種類を変えており、まったく新しい香りだった。エルネスト・ボーの仕事場でシャネルは、さまざまな種類の瓶、天秤、調香用の台に囲まれながら、小さな瓶をひとつひとつ鼻に近づけた。彼女がつぎつぎと香りをかぎながら立てる音だけが響いた。シャネルが顔色ひとつ変えないので、ボーは不安になった。突然、彼女はにこっと笑って言った。「五番よ。まさに思いどおりだわ。他のどの香水にも似ていない、女性のための香水、女性の香りよ！」。ボーが「名前はどうしましょう？」とたずねると、シャネルは「このままにしましょう。わたしは五月五日にコレクションを発表するから…五という番号は縁起がいいのよ！」と答えた。

シャネルは、五という番号にこだわっていたことをエルネスト・ボーは後に知った。ボーイ・カペルのラッキーナンバーでもあり、二人の番号でもあった。ある占い師に、五はあなたの魔除けの番号になるだろうといわれたこともあり、シャネルはそれを固く信じていた。

No.5は少なくとも八〇種の成分が配合された、華やかな作品だった。最も上質な原料であるロサ・センティフォリア（バラ）とジャスミンを基調とした香りだった。ロサ・センティフォリアの花は丸い形で、幾重にも重なった花弁から馥郁たる香りが立つ。ロサ・センティフォリアと同様、シャネルのために特別にグラースで栽培されたジャスミンも素晴らしかった。オオバナソケイとコモンジャスミンの接ぎ木から生まれたそのジャスミンは、希少な香りを放った。

五月の夜明け、花摘み女たちは、花びらを傷つけないようそっとバラを収穫しなければならない。葉を取り除いた後、花びらは南京袋に入れられ、香料工場に送られる。

ジャスミンは八月一五日から九月末にかけての晩夏に収穫される。バラよりはるかに繊細な花で、かごにならべられて工場に運ばれる。新鮮な花は大型のアランビック（蒸留器）に入れられ、コンクリート（濃縮物）が抽出される。コンクリートはさらに分離されてバラとジャスミンのエッセンスがえられる。

No.5のトップノートはイランイランとネロリ、ミドルノートはローズとジャスミン、ベースノートはマイソール産サンダルウッドとベチバーブルボンである。エルネスト・ボーは香りを華やかに広げるアルデヒドを初めて大量に使った。No.5の秘密はこのアルデヒドの使い方にあったことはたしかである。以来アルデヒドは現代の香水に欠かせない成分となった。二〇一五年までシャネルの調香師だったジャック・ポルジュは、アルデヒドをくわえることは「イチゴの味を引き立てるために新鮮なレモンを数滴落とすようなもの」といっている。

シャネルは入れ物より中身の方がはるかに重要と考え、男性の洗面道具入れの携帯用瓶をヒントにした。こうして白いラベルに黒い文字が書かれた四角いボトルが誕生した。まさにシンプルでむだがなかった。

シャネルは発売する手はじめに、たまたま見つけたもので、売り物にする気などないかのようにいいながら知り合いにボトルを配った。カンボン通り三一番地の店で売り子が香水をふりかけると、客はすぐに気に入り、買いたいというのだった。シャネルは軽く微笑んで「あら、香水は売っていませんよ」と答えた。

とはいえシャネルはボーにどんどんNo.５を作るようにいって販売を開始したが、パリ、ドーヴィル、ビアリッツの店の顧客だけを対象にしていた。しかし、エルネスト・ボーは問題につきあたった。ボトルの栓がきっちり閉まらず、漏れてしまうのだった。割れることもあった。手仕事的要素をもっと減らして作っていく必要があった。そこで一九二四年、シャネルはブルジョワ社の香水部門経営者ピエールとポール・ヴェルテメール兄弟と契約を結んで「パルファン・シャネル」社をたちあげた。エルネスト・ボーは技術部門責任者に任命された。

シャネルはNo.５を誰よりも愛していた。彼女はつねにシャネル社が出した香水を「試しに」つけていたが、No.５だけは手放さなかった。「彼女のスーツにはNo.５の匂いがしみこんでいたし、下着もNo.５をつけてから身に着けていた。室内芳香剤のようにも使っていて、カーテンや暖炉の火に吹きかけていた。白熱したシャベルにNo.５を豪快にふりかけたとき、すごい音がしたのをまだ覚えている。彼女のアパルトマンに入ったとたん、一気にまとわりつくような香りにつつまれた」と、シャネルの唯一の子孫であるアンドレの娘ガブリエル・パラス＝ラブリュニーは『シャネル、知られざる内面』*Chanel intime*という本の中で語っている。

No.5の成功でシャネルは財をなした。フォーブール・サン＝トノレ通り二九番地に邸宅をかまえるまでになった。ボーイ・カペルと二人の姉妹の死からシャネルは完全にたち直った。この豪邸で、彼女はミシア・セールが引き合わせてくれたさまざまな芸術家たちをもてなし、派手な宴を開いた。なかでも盛大だったのはセルゲイ・ディアギレフのための催しだった。「春の祭典」の再演を期していたディアギレフのため、シャネルはバレエ・リュス（ロシア・バレエ）を経済的に支援していた（彼女はメセナ活動を匿名でおこなうことを希望し、絶対に外にもらさないようにしていた）。ピカソ専用の部屋もあった。セール夫妻はもちろん、ジャン・コクトー、レイモン・ラディゲ、セルジュ・リファール、ボリス・コフノ、クリスチャン・ベラール、ポール・モラン、イゴール・ストラヴィンスキー、エリック・サティ、ダリウス・ミヨーといった芸術家たちが、こぞってこの広大な庭園をもつ豪勢な屋敷に通いつめた。

まずコクトーが、ソフォクレスの作品を翻案した『アンティゴネー』の衣装の創作をシャネルに頼んだ。舞台美術はピカソ、音楽はオネゲルが担当した。シャネルは生涯コクトーを支援し、アルコール依存症の治療や、彼が看とったレイモン・ラディゲの葬儀の費用まで負担した。

ドミトリー大公との恋はまたたくまに終わり、代わってウエストミンスター公がシャネルの心を射とめた。ウエストミンスター公はシャネルと結婚したい一心で何くれとなく気を遣い、数えきれないほどの宝石を贈った。ウエストミンスター公リチャード・アーサー・グローヴナーは英国一の大富豪だった。シャネルは一九二三年、カンヌで彼に出会った。彼女は「わたしを守ってくれる」人にようやく会えたと思い、二人の関係は五年間続いた。パリでの芝居の初演やコートダジュールに二人は一緒に出かけた。ウエストミンスター公は彼女に豪華なヨットやロックブリュンヌの別荘「ラ・ポーザ」をプレゼントし、事あるごとに英国の社交界の集まりにつれていった。シャネルはそこで新たな顧客をつかみ、ロンドンに注文服店を開いた。この頃シャネルが英国風ファッションに傾き、ツィードやベレー帽をとりいれたのはウエストミンスター公の影響である。しかし彼女は仕事をあきらめて公爵夫人になるつもりはなかった。美とダンディズムと芸術の自由に対する考え方は一致していたが、一九三〇年に二人は別れた。シャネルは後に「愛する男性とドレスと、どちらかを選ばなければというとき、わたしはかならずドレスを選んだ。私は自分の欲望にうちかつ女でありつづけた」と語っている。

詩人のピエール・ルヴェルディは、一九二〇年代初めにシャネルと交際し、その後ソレムにこもって暮らしていたが、ふたたび現れた。この悩み多き詩人をシャネルは心から尊敬し、彼も彼女を深く愛した。ルヴェルディに感化され、シャネルは自分の考えを文章に表わすようになり、その一部が『金言・格言』という題でヴォーグ誌に掲載された。シャネルはもともとはっきりした物言いが好きだった。「ほんとうの寛大さは恩知らずを許すこと」、「女はつねに着飾りすぎてエレガンスを失う」。じつに彼女らしい言葉である。

一九二九年の世界恐慌の時期、シャネルの手厳しい言葉は当時の人々の心に強く響いた。五〇歳近くなった彼女は最盛期を迎え、あらゆる雑誌から取材を受け、一流雑誌のグラビアを飾った。ハリウッドからも衣装制作を依頼され、四つの作品の衣装を手がけた。しかしニューヨークは気に入ったものの、ウエストコーストは肌に合わなかった。やがてイラストレーターで装飾デザイナーのポール・イリブと出会い、シャネルはとても好きになり、結婚さえ考えた。なんといっても気が合った。一九三二年、シャネルはイリブと一緒に「ダイヤモンドのアクセサリー」という宝飾品のコレクションを作り、フォーブール・サン＝トノレの自邸に展示した。

一九三四年二月に起きた暴動・クーデタ未遂事件のとき、シャネルは政府に対するフランス国民の不満が高まりつつあるのを感じた。経済危機や、エドゥアール・ダラディエの首相就任はデモを引き起こし、共産主義勢力だけでなく右翼団体やクロワ・ド・フ（火の十字団）までが参加した。さらにスタヴィスキーが起こした汚職事件が発覚したばかりだった。「泥棒くたばれ！」、と民衆は叫んだ。ますます不穏な空気がたち込めてきた。シャネルはフォーブール・サン＝トノレの家を売り、たくさんあった家具や骨董品も手放し、ホテル・リッツに移ることにした。一九三五年夏、ロックブリュンヌの別荘ラ・ポーザに彼女を訪ねてきたポール・イリブは突然倒れ、そのまま亡くなった。ボーイ・カペル、姉妹、イリブと、あまりに急死が続き、シャネルは心にぽっかり穴があいた。苦しさと孤独を紛らわすため、彼女はふたたびがむしゃらに仕事にうちこんだ。彼女の姿はリッツとカンボン通りでしか見かけられなくなった。

一九三六年、アトリエの従業員たちがストライキを起こした。シャネルは訳が分からなかった。叛旗を翻されるなど、初めてだった。一九三九年にシャネルが店を閉鎖したのはその仕返しだったのだろうか。それでもカンボン通りの店だけは営業しつづけたので、ドイツ軍人たちが来て列をなし、フィアンセや妻にねだられた、かの有名なNo.5を買っていった。

シャネルはハンス・ギュンター・フォン・ディンクラージというドイツ将校に夢中になった。プレイボーイだったディンクラージを彼女は戦前から知っていたらしい。フランスはユダヤ人所有の資産や企業を押収するアーリア化の気運が高まっていた。シャネルはディンクラージに忠告されて、ピエールとポール・ヴェルテメール兄弟がほとんどにぎっていた「パルファン・シャネル」の経営権をとりかえそうとした。ブルジョワ社の経営者、ヴェルテメール家はユダヤ系だった。ドイツ人たちはこの高級ブランドを手にしようともくろんでいた。しかしヴェルテメール兄弟はアメリカに亡命し、知人に名義を貸すことによって経営権を維持することに成功した。「パルファン・シャネル」はフランス国籍のままだった。

というのも、シャネルはNo.5だけにとどまらなかったからである。一九二二年、エルネスト・ボーの手で、チュベローズなどホワイトフラワーのパウダリーな香りが立つNo.22が誕生した。シャネルの好きな花の名をつけた「ガルデニア」（クチナシ）は、グリーンノートとともに甘くエキゾティックな香りで、一九二五年に登場した。一九二六年にはアンバー、フローラル、ウッディのアコードをもつエキゾティックな香りの「ボワ・デ・ズィル」が発表された。引き続きエルネスト・ボーによって一九二七年に「キュイル・ド・リュシィ」が売り出された。ふつうなら「キュイル（皮革）」といえば男性向きの香りだったが、ボーは見事に異種を混ぜ合わせ、ローズ、ジャスミン、イランイランといった花の香りにスチラックス、カバノキ、ビャクシン類をくわえた。

戦中から戦後にかけて、シャネルはクチュリエール（クチュリエの女性形）としての活動を停止した。エルザ・スキャパレリは当時全盛期で、クリスチャン・ディオールは「ニュールック」で名をなした。シャネルは古典的、いや流行遅れに思われた。しかし、彼女は一九五四年に見事復帰した。ロミー・シュナイダーやジャクリーン・ケネディがシャネルのスタイルをふたたび流行させ、ツィードのスーツをエレガントに着こなしてみせた。ダラスでケネディが暗殺された悲劇の日、ジャクリーンが身につけていたピンクのスーツは今なお人々の記憶に残っている。

一九七〇年、八七歳のココ・シャネルは新しい香水を創りだした。ボーへの別れのあいさつとして、No.19が誕生した。エルネスト・ボーはアンリ・ロベールにその地位をゆずった。この香水のトップノートはガルバナムで、刈ったばかりの草のような香りだ。ベースノートはベチバー、オークモス、シダーウッド。ローズドメ、ジャスミン、スズラン、そしてとくにイリスがフローラルノートを運んでくる。シャネルはこの大胆なグリーンの香りをいつもと同じ四角い瓶で売り出し、No.5におとらぬ自信をもって身につけた。今回の19という番号は八月一九日というシャネルの誕生日にちなんでいた。ある時、アメリカ人が通りがかりにシャネルをよびとめ、なんの香水をつけているのかたずねた。シャネルはついてくるよう目配せし、カンボン通り三一番地までつれて行った。店に入ってようやくアメリカ人たちは相手がシャネルだと分かったという話が伝わっている。

数か月後の一九七一年一月一〇日、マドモアゼル・シャネルはホテル・リッツで息を引きとった。誰も働かない日曜日のことだった。彼女は「お庭のよう」といっていたローザンヌの墓地に葬られた。墓石は簡素にし、自分のお供になるよう五頭の獅子の彫刻を施し、訪れる人々のために小さな石のベンチと、白い花の咲く花壇を作るよう彼女はいい残していた。重い墓石は絶対にやめてほしいというのが希望だった。「重石が上にあるなんて我慢できない。いつでも出て来られるようにしたいから」。

ジャック・ポルジュは、一九八〇年から二〇一五年までメゾン・シャネルの調香師をつとめ、才能豊かな息子オリヴィエに後を託した。ジャック・ポルジュは多くのヒットを飛ばした。「アンテウス」、「ココ」、「エゴイスト」、「エゴイスト・プラチナム」、「アリュール」、「アリュール・オム」、「ココ・マドモアゼル」、「チャンス」、「アリュール・オム・スポーツ」、「アリュール・サンシュエル」、「アリュール・オム・スポーツ・コローニュ」、もはや驚嘆せずにいられない作品群だ。

ジャック・ポルジュは二〇〇七年から、「ボワ・デ・ズィル」、「キュイル・ド・リュシィ」、「No.22」、「No.19プドレ」、「No.５オー・プルミエール」など、限定製品や、昔の香水を「モダンにした」復刻版を出した。マドモアゼル・シャネルへのオマージュとして「No.18」をうち出した。ヴァリエーションの最新作はオリヴィエ・ポルジュが二〇一六年に発表した「No.５ロー」である。

No.５はいまや伝説の香水であり、二〇一三年にパリで催されたような洗練された展示会にふさわしい存在だ。一九五九年から、ニューヨーク近代美術館の常設展示にくわえられている。アンディ・ウォーホルはNo.５のボトルを題材に九通りのシルクスクリーンの作品をつくり上げた。一九五七年にマリリン・モンローが、眠るときにはなにを身につけますかと聞かれて「No.５を数滴」という名台詞をはいたおかげで、この香水の値うちがましたのはたしかだ。No.５のイメージをまとう女性たちは、カトリーヌ・ドヌーヴ、キャロル・ブーケ、ニコール・キッドマン、オドレイ・トトゥなどそうそうたる女優ばかりだ。

ポール・モランが「一九世紀のスタイルを滅ぼした天使」と評したけたはずれな創造者シャネルは、

誇りをもってNo.5をつけていた。そのシャネルがエンブレムにしたのはツバキだった。皮肉なことにこの花には香りがなかった！

＊1　エドモンド・シャルル＝ルーは、著書（*L'Irrégulière*）の中で、シャネルNo.5の開発と製造をめぐる駆け引きにふれている。「コティ社の優秀な化学者の一人が突然辞めた。彼は去るときに長年の研究成果をもち去った。それは費用がかかりすぎるというので、コティ社が商品化を見合わせていた香水の処方だった。その化学者はだれだったのか。自分から辞める気になったのか、それともヘッドハンティングだったのか。エルネスト・ボーという名か？」これらは憶測にすぎない。しかし一つだけ確かなのは、シャネルのNo.5が誕生した七年後、コティはシャネルにどことなく似ている「レマン」という香水を発表した、ということだ。「レマン」はそこそこ売れたが、シャネルの人気には程とおかった。

第3章　ゲランのシャリマー

　昔あるところに、一七世紀インドの伝説に魅せられた男がいた。男はその思いを香水に託そうと決心した。「シャリマー」というその香水も、また伝説を生んだ。この男の名はジャック・ゲラン、調香師の名家の血をひく一人であった。

　ゲラン家の物語は、化学を学んだ調香師、ピエール＝フランソワ＝パスカルがパリのリヴォリ通りに店を開いた一八二八年に始まる。その時彼は三〇歳だった。

　ピエール＝フランソワ＝パスカル・ゲランは一七九八年、フランスの北、アブヴィルで生まれた。父は香辛料商人だった。ピエール＝フランソワ＝パスカルは社会人としての第一歩を香料製造会社で踏み出した。英国に渡って化学を学び、調香師としての修業をつんだ。一八二六年、彼はロンドンで自分の会社をたちあげることにした。ジャン＝マリー・ファリナのオーデコロンなど、英国人に絶大な人気のあるフランス製品の輸入会社だった。

二年後、ピエール＝フランソワ＝パスカルはフランスが恋しくなった。一八二八年、パリのホテル・ムーリス一階に第一号店を開き、さらに当時まだ田園地帯だったパッシーに工場を建てた。香料の原料は工場を取り囲む広大な庭園とノルマンディの所有地から取りよせられた。ピエール＝フランソワ＝パスカルは、鯨蠟《げいろう》をベースにローズ、ガーデニア、ジャスミンのふんわりした香りをくわえた石鹸「サポスティ」や、「サントゥール・デ・シャン」、「ブーケ・デュ・ジャルダン・デュ・ロワ」といったオードトワレを考案した。白粉、頬紅、「ボーム・ド・ラ・フェルテ」も彼の発案である。「ボーム・ド・ラ・フェルテ」は、もともと授乳中の女性の乳房を保護するものだったが、唇の乾燥を防ぐリップクリームとして今もなお使われている。一八三六年には初めての口紅「オートマティスム」を創った。「オー・コンコンブル」、「ア・ラ・フレーズ」といったクリームはパリのお洒落な女性たちの垂涎の的であり、彼女たちは「クレーム・ド・ローズ・オー・リマソン」（リマソンはカタツムリの意）すら気味悪く思わず欲しがった。

一八四〇年、ピエール＝フランソワ＝パスカル・ゲランはラペ通り一五番地に店を移転した。ヴィクトリア女王やオーストリア皇后シシをはじめヨーロッパ中の宮廷の麗人たちがゲラン製品を競うように求めた。ピエール＝フランソワ＝パスカルは、さまざまな土地を訪ねて未発掘の香りをもち帰り、初めてのシプレ系フレグランスのひとつ、「シプル」を発表した。

しかし、ピエール＝フランソワ＝パスカル・ゲランが栄光をきわめたのは、一八五三年、ナポレオン三世の妃ウージェニー皇后に「オーデコロン・アンペリアル」を献上したときだった。この栄誉により「皇后陛下御用達調香師」の称号をさずけられた。ベルガモット、ローズマリー、シトロン、オレンジフラワーが配合された、えもいわれぬ香りだった。この高貴な香水にふさわしい蜂のデザインのボトルは、ゲラン専属ガラス工房、ポシェ・エ・デュ・クルヴァル社特製だった。ヴァンドーム広場の円柱にインスピレーションをえた「チュイル（瓦《かわら》）」の浮き彫りに、ナポレオン家の紋章である蜂が六九匹あしらわれていた。以来、蜂はメゾン・ゲランにとって縁起のよいシンボルになった。緑と白のラベルにはナポレオンの皇帝章である鷲《ワシ》が描かれている。豪華版ボトルの蜂は純金で彩られている。この香りとボトルは、ゲランの店で今も買い求めることができる。

オノレ・ド・バルザックをはじめ、数々の名士がメゾン・ゲランにオーダーメイドの香水を注文した。人々が楽しむことを覚えた輝かしい時代だった。オッフェンバックがヴァリエテ座でつぎつぎと作品を初演し、人気を博した。一八六七年にはパリ万博が開催された。

一八六四年、ピエール＝フランソワ＝パスカルが亡くなると、二人の息子エメとガブリエルが後を継いだ。エメは香水の新作を手がけ、ガブリエルは経営を担当した。二人は大胆さ、才覚、高品質という父親が遺した大原則を守りつづけた。一八七〇年に普仏戦争が勃発しても顧客は減ることなく、メゾン・ゲランの事業はますます拡大した。つめ替え式で円筒形の容器から押し出して使うタイプの口紅を発明した。その名も「ヌムブリエパ！（わたしを忘れないで）！」だった。

エメは一八八四年に「フルール・ディタリ」、一八八九年にゲランの名作のひとつとなる「ジッキー」を創作した。「ジッキー」は歴史上初めての現代的香水とされている。おりしも四回目のパリ万博の年であり、エッフェル塔がセーヌ河岸に建ったのはこの時である。エメ・ゲランは印象派画家の友人たちにならい、抽象的な表現に挑み、化学の進歩に賭けた。天然香料にヴァニリン、クマリンといった合成香料を組み合わせ、一九世紀末に斬新な香水を創ったのである。「ジッキー」（ガブリエルの息子で、エメにとっては甥のジャックの愛称）の中心的な香調はラヴェンダー、ペラルゴニウム、ヴァニラである。まちがいなくエメの最高傑作となるフレグランスだった。バカラと組んで、シャンパンボトルのような栓のついた四角いガラス瓶を創ったのはガブリエルだった。後述するが、「ジッキー」はさらに二六年後に「シャリマー」の原型となる。伝わっている話によると、ある若い英国女性へのたちがたい思いをこめて女性用に創られたという「ジッキー」はむしろ男性の方に人気があった（この香水にはシベット（ジャコウネコ）の生殖腺の分泌物がふくまれていると聞いて女性たちは敬遠したのではないかといわれている）。今なおたいへんな人気がある「ジッキー」は、ユニセックスな香りと見なされることが多い。

一八九四年にはオーデコロンの新作、みずみずしくへスペリディック（シトラス系）な香りの「オー・デュ・コック」が登場した。青、白、赤で彩った雄鶏のデザインのラベルを貼った蜂の模様のボトルで売り出された。

一八九〇年からエメ・ゲランは甥のジャックを助手にしていた。この時期からほとんどのゲラン製品に感じられるようになった独特の香跡を定着させたのはエメである。ヴァニラ、ベルガモット、トンカビーン、イリス、ジャスミンをベースとした残り香だ。じつはどのような成分配合なのかは秘密にされており、「ゲルリナード」（ゲラン風）とよばれている。

ジャックは一八九五年に「ジャルダン・ド・モン・キュレ」、一九〇〇年に「ヴォアラ・プルコワ・ジェメ・ロジヌ」を創った。一九〇四年には亀の形をしたバカラのクリスタルボトルで「シャンゼリゼ」が発表された。

同年、「ヴォアレット・ド・マダム」や「ムショワール・ド・ムッシュー」なる新作も出された。初めての保湿クリーム「スクレ・ド・ボンヌ・ファム」が登場した。一九〇六年、ジャック・ゲランは、嵐の後に陽が差した花園を「アプレ・ロンデ」で表現した。スミレ、イリス、ヘリオトロープをベースにしたパウダリーな香りだった。プルースト的香りといおうか…

一九一二年、ジャック・ゲランは新たにロマンティックな香り「ルール・ブルー」を創りだした。ゲランの秀作のひとつとなったこの香水はフローラルオリエンタル系で、アールヌーヴォー調のボトルに「憲兵の帽子」の形をした栓をのせ、ベルエポックの雰囲気を表した。ベルガモットのシトラス系トップノートとパウダリーなヴァニラのベースノートが新鮮さと同時にあたたかみを表出した。ミドルノートはオレンジフラワー、カーネーション、ローズ、チュベローズを基調にしたフローラル系である。

創作においてつねにロマンティックな詩人だったジャック・ゲランが描こうとしたのは、花がひときわ香りたち、鳥たちがさえずりはじめ、夏の情感が高まる黄昏時の世界だった。

第一次世界大戦の後、人々は長く暗かった時代を忘れ去ろうとした。女たちは踝を見せるようになり、スパンコールをちりばめたドレスでどんちゃんさわぎに出かけた。プッチーニの「トスカ」や「ラ・ボエーム」は大あたりをとった。日本が人々の関心をよび、魅了した。一九一九年、ジャック・ゲランは友人のクロード・ファレールが数年前に発表した小説『戦闘』にインスピレーションを受け、新作にそのヒロインの名を借りて「ミツコ」とした。男の子のような娘、一九二〇年代の解放された女性をイメージし、ピーチとオークモスをベースにした香りだった。

一九二〇年に日の目を見たオーデコロンは「オー・ド・フルール・ド・セドラ」である。おしゃれな女性たちは少しずつ化粧を覚え、コール墨のアイライナー「ランクス」、ゲランらしい装いの初めての口紅「ルージュ・ダンフェール」を使った。その頃ジャック・ゲランはさらにつぎの名香となる「シャリマー」の調香にとりかかったが、この香水の存在は長いあいだふせられていた。「シャリマー」は一九二一年には完成していたが、初お目見えは一九二五年、パリのグラン・パレで開かれた装飾芸術国際博覧会の時だった。香水製造業と奢侈産業が注目された一大イベントだった。

シャリマーという名前、そしてシャー・ジャハーンの妻ムムターズ・マハルへの深い愛の物語にジャック・ゲランは触発されたのだが、香水を創る際に北インドに足を運んだわけではなかったようである。たしかに伝説化したこの実話には夢をあたえるなにかがある。

一七世紀ムガール帝国最盛期の君主シャー・ジャハーンは、妃のムムターズ・マハルをこよなく愛した。二人のあいだには一三人も子どもがいたが、ムムターズはシャーが移動する時はかならず同行した。そうした遠征のさなか、一六三一年にムムターズは一四人目の子どもを産んでまもなく死んだ。最初の墓所は終焉の地となったブルハーンプルにある、ザイナーバードの庭園にあった。悲嘆にくれたシャー・ジャハーンは霊廟を建設して妃の遺骨をそこへ移すことにした。一五年以上たってようやく完成したのが「王冠の宮殿」を意味するタージ・マハルである。世界中から驚嘆の目をそそがれるこの傑作は一九八三年にユネスコの世界遺産に登録されている。

シャリマー（サンスクリット語で愛の殿堂の意）庭園はシャー・ジャハーンが創ったもので、ラホール宮殿の周囲を取り囲んでいる。甘い香りの庭園と愛の響きが聞こえる名前は、ジャック・ゲランに強いインスピレーションをあたえるに十分だった。

一九二一年、化学者ジュスタン・デュポンが従来以上に香気の強い新しいヴァニラ、すなわち合成香料エチルヴァニリンをジャック・ゲランに提供した。ジャックは試しにそれを「ジッキー」のボトルに注いだ。その瞬間、それまでの香水にまったくなかったオリエンタルな香りがたった。このヴァニラによってシャリマーに不思議な調和が生まれた。みずみずしく軽やかだが、豊潤で官能的なのだ。もちろん、「ジッキー」に合成ヴァニラをくわえるだけでは新作の名に値しなかった。ジャック・ゲランはこうしたアコード（複数の原料の組み合わせによってできるノート）を根気よく研究し、官能性に満ちた香りを創りだした。トップノートにジッキーのシトラス系の香調が感じられるものの、シャリマーはベルガモットの主張が強い。ミドルノートはジャスミンとローズがつつみこむ。ベースノートはヴァニラの存在感が圧倒的だが、トンカビーン、イリス、オポポナックス、パチュリが背後にひかえている。

ボトルはゲラン専属デザイナーでジャックのいとこにあたる、レイモン・ゲランが手がけた。シャリマー庭園の泉の流れるような曲線をイメージし、水盤をバカラのクリスタルで表現した。マリンブルーの切子細工のキャップは半月形で、扇のように広がっており、これもやはりクリスタル製である。ラベルにはタージ・マハルの大理石に彫られた模様を再現した。きわめて東洋的で画期的なボトルは植民地世界に対する当時の人々の憧れを物語る。

自分と恋人のためにシャリマーをつける場合、濃度が高く持続性のあるパルファンが選ばれた。オードトワレでもまわりの人々に香りが伝わる。あるいはオードトワレをまず吹きかけ、うなじや手首にパルファンを数滴つけてもいい。そうすると香りはするものの周囲をつつみこむほどではなく、ちょっと記憶に残る程度だ。

シャリマーはまたたくまに世界的なヒットとなり、一九二五年、装飾芸術国際博覧会で一等を受賞した。アメリカ渡航の際、レイモン・ゲランの妻は売り出したばかりのシャリマーをつけた。船が港に着いたときには、ニューヨークはこの魅惑的な香水の噂でもちきりになった。一九三九年、シャリマーのボトルはジョージ・キューカー監督の伝説的映画「ザ・ウィメン」にも端役として出演した。

初期のポスター広告は地味なもので、香水の名前だけ記した、版画や女性の肖像画だった。もう少しセンセーショナルな広告が登場したのは一九七〇年代になってからである。しかしジャック・ゲランは「シャリマーをまとうこと、それは官能に身をまかせることだ」とつねにいっていた。最初から鮮やかなたくらみがあったのだ!

ジャック・ゲランは栄誉にあぐらをかくことなく、たゆまぬ努力をつづけた。一九二〇年代なかば、世界は活気に満ちあふれていた。装飾芸術国際博覧会をきっかけに、中国や日本など遠い国々の芸術作品に価値を見出した人々は、旅への情熱をかき立てられた。ジャック・ゲランは東洋への憧憬を胸に、一九二九年、ジャコモ・プッチーニのオペラ「トゥーランドット」に触発されて「リュ」を創作した。作品の舞台は中国で、リュは王子カラフの女召使いだった。ほんとうの名前をアムール（愛）という王子は、冷酷なトゥーランドット姫に狂おしいほどの恋をする。アルデヒドフローラル系の

「リュ」は、茶箱の形をしたバカラ製ボトルで売り出された。

時代は技術革命にわいていた。映画はトーキーになり、車は速度を上げ、人々は飛行機で大西洋を横断し山脈を越えていくことを夢見た。フランスの航空会社の草分け、アエロポスタル社で生まれた冒険譚はアントワーヌ・ド・サン＝テグジュペリという格好の語り手によって広まった。一九三三年、ジャック・ゲランは「ヴォル・ド・ニュイ」を創作した。果てしなく広がる夜空を想起させるような、ジョンキル（黄水仙）をベースにした香りで、親友サン＝テグジュペリの小説『夜間飛行』にちなんで名づけられた。

メゾン・ゲランは、メイクアップやスキンケアなどさまざまな化粧品を創りつづけた。一九三九年、シャンゼリゼ通り六八番地に初めてのサロン・ド・ボーテを開いた。有名な舞台芸術家クリスチャン・ベラールが「ラルコーヴ・オー・パルファン」というタペストリーを制作し、装飾を手がけたサロンに上流階級の女性たちがわんさと押しかけた。

一九四五年に第二次世界大戦が終わると、アメリカ兵たちがシャンゼリゼの店に列をなすようになった。工場は爆撃で破壊されたが、さらに広大な工業用地をパリ郊外のクルブヴォアに確保した。香水、スキンケア用品、メイクアップ用品の製造と包装を一括しておこなうことになった。ジャン＝ポール・ゲランが祖父ジャックに手ほどきを受けたのはこの場所であった。「いいか、覚えておけ。香りを創るのは伴侶となる愛する女のためなのだ」とジャックは最初にいいきかせた。

じつは後継者となるはずだったのはジャン＝ポールの兄パトリックだった。しかしジャン＝ポールは類まれな才能を現わした。「ヴォル・ド・ニュイ」を作るのに必要なジョンキルのエッセンスが不足したとき、ジャン＝ポールは合成香料とナルシサス、ヴァイオレットリーフ、ジャスミン、チュベローズの天然エッセンスを組み合わせ、同じ香りを再現してみせた。あまりに完璧な調合だったので、祖父ジャックはジャン＝ポールがジョンキルの天然エッセンスをどうにかして手に入れたのだと思った。もはやジャック・ゲランは迷いなく、自分の衣鉢を継ぐのはジャン＝ポールしかないと確信した。

一九五五年、ジャックとジャン＝ポールは華やかなフローラル系の香水「オード」を共作した。ローズ、ジャスミン、イリスを軸にした、「ゲランらしさ」そのもののような香りだった。これがジャック・ゲランの最後の作品となり、一九五六年にジャックはその地位を孫にゆずった。

ジャン＝ポールの初めての単独作はいきなり大成功だった。一九五九年、洗練と優雅さをかねそなえ、時代を超える男性用香水「ベチバー」が誕生した。

さらに一九六二年、将来の伴侶となる女性から霊感を受け、ジャン＝ポールは「シャン・ダロム」を創りだした。その聡明で若く「初々しい」女性には春の花々がふさわしかった。ジャン＝ポール・ゲランはスイカズラとガーデニアを選び、ベルガモットとマンダリンを引き立て役にし、ジャスミンとイランイランをその奥にひそませた。

一九六五年、男性用香水「アビ・ルージュ」はジャン＝ポール・ゲランの調香師としての才能をさらに証明した。ウッディスパイシーオリエンタルの香りだった。「香水には記憶がもっとも濃くつまっている」とジャン＝ポールは言った。彼は乗馬の名手で（一九七四年世界馬場馬術選手権に出場した）、秋の森の匂い、レザー（皮革）と湿った馬の匂いを甦らせようとした。この香りはまたたくまに高い評価をえた。

一九六九年、今度は、かすかなナルシシズムとともにありのままの女性原理を表現し、解放をうたい上げる香水を創った。「シャマド」は初めてカシスの花蕾を使ったフローラル系香水である。ヒヤシンス、ガルバナム、カシスの花蕾で構成されるグリーン系トップノート、イランイランのパウダリーなミドルノート、ヴァニラのベースノートと続く。ボトルはハート型で、香りはフランソワーズ・サガンの同名小説（邦題は『熱い恋』〔新潮社、朝吹登水子訳〕だが、もとは降伏の合図の太鼓、転じて心臓の鼓動の意味）へのオマージュだった。ブリジット・バルドーにも影響を受けているといわれた。

ジャン＝ポール・ゲランの処方の八割は天然原料であり、彼は最高のものを求めて方々へ足を運んだ。チュニジアからオレンジフラワー、イタリアのカラブリアからベルガモット、ナイル川デルタ地帯からジャスミン、インドからサンダルウッド、レユニオン島からベチバー、マレーシアからパチュリをもちかえった。さらにマヨット島に専用の農園をもち、イランイランを栽培した。

宣伝広告ははっきり主張を表わすものが多くなり、一九七七年、「シャリマー」のポスターは「香りは時の流れを飛び越える」とうたった。しかし二〇〇〇年代に物議をかもした広告映像の衝撃にはまだ遠かった。

ジャン＝ポール・ゲランは、「オードゲラン」、母親に捧げた「パリュール」、「ナエマ」、「ジャルダン・ド・バガテル」、「サムサラ」、「エリタージュ」、孫たちのために創った「プティゲラン」、新たに進化させた「シャンゼリゼ」など、二〇〇〇年まで数々の新作を生み出した。「シャンゼリゼ」の広告に起用された著名なスターにはソフィー・マルソーがいる。しかし、一九九四年、メゾン・ゲランは同族経営をやめ、世界最大のファッション企業体のＬＶＭＨ（モエ・ヘネシー・ルイ・ヴィトン）の傘下に入り、独立性を失った。

二〇〇二年、ジャン＝ポール・ゲランは引退の気配をみせた。新作を創らなかったのである。マルセル・ルセルやブリジット・ピケが引き継いだ後、ティエリー・ワッサーが登場し、今なお采配をふっている。

いつの時代も、セレブたちはゲランの香りをまとってきた。「ジャルダン・ド・バガテル」をエマニュエル・ベアールが、「アプレ・ロンデ」をイザベル・アジャーニとマリオン・コティヤールが、「ルール・ブルー」をジュリア・ロバーツ、カトリーヌ・ドヌーヴ、ケイト・モスが身につけた。ティエリー・アルディッソン、トニー・ブレア、ショーン・コネリーは「アビ・ルージュ」を、トム・クルーズとスペイン国王フアン・カルロス一世は「ベチバー」を外出時にかならずつけた。シモーヌ・シニョレ、アンヌ・サンクレール、モデルのエステル・ルフェビュール、ミレーヌ・ファルメール、ジェーン・バーキン、オルネラ・ムーティはシャリマーがお気に入りだった。

ティエリー・ワッサーは、ゲランらしさをたもちながらも独自のスタイルで新しい香りを創造していった。ワッサーにとって、「香りを構成する層というものがあるのではなく、香りは重層的に感じられるということなのだ。香りを想像するとき、わたしはトップノート、ミドルノート、ベースノートがそれぞれどうなるかということは気にしない。揮発性が異なる素材があって、この揮発性あるいは香りの残り方によってトップ、ミドル、ベースとなる。ちょっと昔風に、蒸発のグループ別に処方を書く調香師も実際にいる。おかしなことにわたしは、スイス人的に、それをアルファベット順に読みとってしまう。皆と同じように、わたしもなにかを記述する。しかしわたしの言葉は香りなのだ。ふつうは文法に従うが、私に文法はないことを除けば、文章を書くのも香水を創るのも同じだ。香水に法則はない。ひたすら経験だ」。

「ロム・イデアル」、「イディール」、「ラ・プティット・ローブ・ノワール」はワッサーの代表的ヒット作である。さわやかなオードトワレのシリーズ「アクア・アレゴリア」を展開し、「リュ」のような昔の香りをふたたび世に出し、ゲランの遺産を甦らせた。

伝説の香り、シャリマーもワッサーの手で現代的に生まれ変わった。二〇〇八年には夏に向けてシトラス系を強調した「ロー・ド・シャリマー」、二〇一一年には軽やかさを演出した「シャリマー・パルファン・イニシアル」、二〇一四年にはベルガモット、シトロン、ホワイトムスクがオリジナル版に新たな表情をくわえ、現代的な解釈となった「スフル・ド・シャリマー」を創りだした。

二〇〇八年、シャリマーのアイコンとなったモデルのナタリア・ヴォディアノヴァが「シャリマー・パルファン・イニシアル」の広告でヌードになり、ファッションフォトグラファーのパオロ・ロヴェルシが映像を担当した。ヌードのナタリアがソファに座り、セルジュ・ゲンズブールがブリジット・バルドーのためにつくった歌、「イニシアルＢＢ」が流れる。「彼女が髪につけるのはほんの少しのゲランだけ」とセルジュ・ゲンズブールが歌い、新しいシャリマーの名前が続いて聞こえる。この広告は一部で物議をかもした。全裸の若いナタリアの煽情的なポーズ、近親相姦を連想させる歌「レモン・インセスト」を作詞したゲンズブールのいかがわしい噂から、この動画が小児性愛をあおるものと見なされた。

二〇一三年、シャリマーの伝説を語る映画広告を、写真家ブリュノ・アヴェイヤンがナタリア・ヴォディアノヴァをふたたび起用して手がけ、評判をよんだ。この広告はもったいぶっていてしかも長すぎる（およそ六分間）といわれたが、映画館で映画上映の前に流された。たしかに大変美しい映像だったが、実にゆっくりしたリズムだった。最後に恋人同士がやっと再会する場面になり、タージ・マハルが湖から浮かび上がる。はっきりしないが、あるいはエロティックな象徴だったのかもしれない。

とはいえ「シャリマー」は、世界でもっとも売れている香水のひとつであることに変わりはない。その官能的な香りは模倣されることも多いが、他とは一線を画する。シャネルNo.5を創った有名な調香師エルネスト・ボーは、彼らしい表現でジャック・ゲランに賛辞を贈った。「このヴァニラのつつみで、わたしならカスタードクリームを作るくらいが関の山だったろうが、ジャック・ゲランはシャリマーを創った。」

第4章　ジャンヌ・ランバンのアルページュ

「ある人々の精神《こころ》が音楽の上を漕ぎ渡るように、私の精神《こころ》は、おおわが恋人よ！　きみの香りの上を泳ぐ」［「髪」（『悪の華』阿部良雄訳、ちくま文庫）］。ジャンヌ・ランバンが愛娘マルグリット＝マリー＝ブランシュのためにアルページュを考案したとき、ボードレールの『悪の華』のこの一節が胸にあったにちがいない。ジャンヌが若手音楽家の娘にふさわしいフレグランスを創ったのは一九二七年のことだった。こよなく愛する娘は三〇歳になろうとしていた。香水と音楽、この二つの世界の用語は驚くほど似かよっている。ノート（香調、音符）、ハーモニー、そしてオルガンという言葉も共通だ。木製の調香オルガン台には、あらゆるエッセンスの入った瓶が香りの種類別に半円形にならんでいる。アルページュ（分散和音）ほどふさわしい名前はなかった！

ジャンヌ・ランバンが香水を手がけたのはこの時が最初ではなかった。ランバンの名を上げることになった香水を創ったのは彼女ではなく、シャネルがそうであったように、彼女も調合のことなどまったく分からなかった。マダム・ゼッド（本名なのかイニシャルなのかも分からないが）というロシア人にこの仕事を託したのである。マダム・ゼッドはヴァンドーム広場に近いアパルトマンで黙々と作業し、少量の香水を創りだした。一九二三年、ジャンヌ・ランバンは新作コレクションに香りを添えて仕上げようと思いたった。スミレとイリスを組み合わせ、新作ドレスの真珠のような輝きと花をイメージした香りで、後に「イリゼ」とよばれるようになる。

二年後、マダム・ゼッドはポール・ヴァシュレ、アンドレとユベール・フレイス兄弟の助力をえて、香水における、まさにランバン初のヒット作「マイシン」（「私の罪」）を創った。ベースノートはガーデニア、ヘリオトロープ、ヴァニラ、チュベローズが組み合わせられていた。アメリカ人女性の間でこの香水は大人気だった。アンドレ・フレイスはランバンの「専属調香師《ネドラメゾン》」となり、二年間で「ジャン・ラフォル」、「ラ・ドガレス」、「ジェラニウム・デスパーニュ」をはじめとする一四の香水を創った。設立した香水会社は急成長した。それにしても一八六七年に生まれ、妖精たちから富も美貌も授からなかった少女ジャンヌがこのような運に恵まれようとはだれも思わなかった。

一八六七年一月一日、パリのマザリヌ通り三五番地に生まれたジャンヌ・ランバンは一一人兄弟の長女だった。お針子だった母ソフィー・ブランシュ・デエは子育てのために仕事をやめた。父ベルナール＝コンスタン・ランバンはいくつか職を転々とした後、ヴィクトル・ユーゴーが一八六八年に創設した新聞社「ルラペル」に雇われた。ナポレオン三世の強硬な反対派となったヴィクトル・ユーゴーに、祖父フィルマンが亡命のための通行許可証をあたえ、一八五一年一二月八日に出国させたことから、ランバン家はユーゴーの支援を受けていた。

つましい家庭に生まれたジャンヌは、年長の子として弟妹のめんどうをみなければならなかった。家計が苦しくなると、ソフィー・ブランシュは一八七五年にお針子の仕事を再開しなければならなかった。家族が増えるにつれ、家が手狭となり何度か引っ越しをした。ジャンヌが一三歳のとき両親は、フォーブール・サン＝トノレ通りでマダム・ボニが営む小さな婦人帽子店に娘を修業に出すことにした。ジャンヌは一八八〇年から一八八三年までその店で働いた。配達とお針子の生活に飽きたジャンヌは、もう婦人帽製造見習いとして必要なことは十分身についたと思った。ジャンヌはマダム・ボニの仕事場の近くにあったフェリックス婦人帽子店に職を見つけた。彼女はそれまでの経験をいかし、若い娘に似あう帽子を思い描き、弟たちに手伝わせながら戸別訪問をして売り歩くことをひそかに考えた。さらにジャンヌはマテュラン通りのコルドー・エ・ローガダン帽子店に移り、まもなくその手先の器用さを認められるようになった。ある顧客からオフシーズンの三か月間バルセロナで働かないかという話をもちかけられたとき、ジャンヌはふたつ返事で引き受けた。またひとつ経験をつみ、婦人向けの縫製技術を学んだ。ここで弾みがつき、まもなくジャンヌは自分のメゾンをたちあげることになる。

一八八九年はボワシー・ダングラ通り一六番地に店をかまえた記念すべき年だった。ジャンヌのビビ（小さい婦人帽）は富裕層の人気を集めた。店にはさまざまなボンネット帽、ベレー帽、バラや菊やスミレの飾りがついたキャプリン（つばの広い婦人帽）がならべられた。シャルロット帽に顧客は殺到した。ジャンヌは有名になり、上流階級が集まる劇場や競馬場などいたるところに妹のルイーズをつれて顔をみせた。将来夫となるエミリオ・ディ・ピエトロに出会ったのも競馬場だった。ピエトロはふつうの事務員だったが、ジャンヌは後年彼を貴族ということにした。

二人は一八九六年二月二〇日に結婚式をあげた。一年半後の一八九七年八月三一日、マルグリット＝マリー＝ブランシュが生まれた。「リリット」は目の中に入れても痛くなかった。ジャンヌは手があいたときは娘とできるだけ一緒にすごした。娘への愛情と仕事はすぐに結びついた。ジャンヌは娘に着せたい一心でいろいろな服を考え出したからである。ジャンヌは子ども用とは思えない、なんともいえず美しいドレスやコートを娘のためにつくった。あっというまにマルグリットの友だちの母親たちが同じものを自分の子にもほしいといいはじめた。ジャンヌは新たな武器を手に入れた。もはや帽子屋というだけではなかった。一九〇八年、ジャンヌは「子ども服」部門を開いた。ジャンヌ・ランバンはクチュリエール（クチュリエの女性形）になったのだ。

ジャンヌの評判は広がり、『シラノ・ド・ベルジュラック』の作者エドモン・ロスタンからはアカデミー会員の礼服の注文がきた。セシル・ソレル、ギャビー・モーレイ、イヴォンヌ・プランタンといった当代一のスターのためにジャンヌは衣装を創った。彼女たちの舞台衣装も外出着も仕立てた。イヴォンヌ・プランタンは当時サシャ・ギトリーの妻であり、その後ピエール・フレスネイと結婚した。ジャンヌは、サシャがつぎつぎと取り替える妻たちの服を作ることになる。奥さんへの愛情があるうちは、サシャは仮縫いにつきあう、とジャンヌは言っていた。来なくなったらもうすぐ別れるというしるしだった！

後にジャンヌは「天井桟敷の人々」でアルレッティがまとった白いドレスを創ることになる。ポール・ヴァレリー、フランソワ・モーリヤック、ジョルジュ・デュアメル、ポール・クローデルといったアカデミー会員のため、月桂樹が金色で刺繍された衣装を六〇着ほどつくった。紳士物にも進出し、テーラー・紳士用品製造部門が設けられた。

エミリオ・ディ・ピエトロとの結婚生活は長続きしなかった。ジャンヌは一九〇三年に離婚し、一九〇七年にグザヴィエ・メレと再婚した。グザヴィエは「ルタン」（後のルモンド）紙のジャーナリストであり、マンチェスターの元フランス領事だった。もうシングルマザーではなくなった。ジャンヌはこうして社会的に安定したイメージをえることができた。

一九〇八年、一一歳のマルグリットは、母ジャンヌが子ども向けにデザインした服をいろいろ着ていた。セギュール伯爵夫人の童話に出てくる良い子が着るような服を、女の子たちはもう着なくなっていた。彼女たちがのびのびと遊んだり走ったりできる時代になろうとしていた。フォーブール・サン＝トノレ通り二二番地の新しい店はいつも人でごったがえしていた。一九〇九年、女児服と婦人服の二部門がさらにくわわった。ジャンヌ・ランバンはオートクチュール組合に加入し、とうとう「正式なクチュリエール」になった。お墨つきをもらったジャンヌはますます創作意欲がわいた。ジャンヌのドレスは女性らしさを強調するはっきりしたラインが特徴で、繊細なひだや刺繍や真珠がついていた。ジャンヌは、赤褐色と薄いモスグリーン、オークルとオレンジ、そしてもちろん黒と白といった当時最先端の色の組み合わせを選んだ。

イタリアのフィレンツェに旅行してフラ・アンジェリコに感銘を受けたジャンヌは、フレスコの名画に触発された有名な「ランバン・ブルー」を生みだした。ジャンヌは方々へ旅に出かけてインスピレーションを受け、自分や顧客の気分に合わせたデザインで女性用のテーラードスーツを創った。

一九一二年、毛皮部門を新たに開いた。第一次世界大戦が勃発したが、メゾンランバンはものともせず発展した。ジャンヌは製品をアメリカに輸出し、アメリカ兵の軍服デザインを手直しするまでになった。

フォーブール・サン＝トノレ通り二二番地は、いまやジャンヌ・ランバンのものだった。一九一七年、ジャンヌは娘とともにビュジョー通り九番地に引っ越した。マルグリットは一九一七年にルネ・ジャクメール＝クレマンソーと結婚した。ルネはジョルジュ・クレマンソーの孫で医師だった。夫ルネはランバン家の豪邸に研究用のスペースがもてるはずだったが、結婚生活は長続きしなかった。マルグリットは一九二四年四月にジャン・ド・ポリニャック伯爵と華燭の典をあげ、マリー＝ブランシュと改名した。

ファッションと装飾芸術を融合させるという夢を、ようやくジャンヌがかなえたのは一九二〇年のことだった。ジャンヌはポール・ポワレの家で、古代文明に造詣の深い若手建築家アルマン＝アルベール・ラトーと出会った。あらゆる形態の芸術の真価が分かるジャンヌは、ラトーと意気投合した。ジャンヌの新居となったバルベ・ド・ジュイ通りの私邸を、彼女の洗練された趣味にふさわしい宝石箱のような住まいにしたのはラトーだった。

フォーブール・サン＝トノレ通り一五番地に開いたランバンの装飾品の店のデザインもラトーが考えた。二人はドーヌー劇場の装飾も手がけ、ランバン・ブルーで彩った。

ランバンの創作活動は、一九二五年にシャネルを追い抜いた。八つのアトリエに合わせて八〇〇人以上の従業員が働いていた。新作発表となると三〇〇人のモデルが出演した。ランバンらしいデザインは、極限までこだわったディテールとともに有名になった。アトリエの仕事ぶりは見事で、ひだ、刺繍、ステッチを自在にこなした。まるで偶然のように、マーガレット（フランス語読みするとマルグリット）とハートはおなじみのモチーフだった！　カッティングはエレガンスだけでなく動きも考慮されていた。しかしジャンヌにはまだまだ課題があった。

シャネルは一九二一年に、かの有名なNo.５を発表した。ジャンヌにも素晴らしい香水が必要だった。これまでの製品をしのぐ伝説的な香りが。三〇歳を迎えた大事な娘マリー＝ブランシュのためにこそ、他の追随をゆるさない永遠の逸品を思うままに創作したかった。ジャンヌは調香師ポール・ヴァシェとアンドレ・フレイスに、どれほど手に入れにくい成分であろうとお金に糸目はつけないといいわたした。アンドレ・フレイスはアンバーとヴァニラを軸に七二種類の成分を選定した。トップノートに例のアルデヒド、ネロリ、ベルガモットがたちあらわれる。続くミドルノートはイランイラン、ローズ、イリス、ジャスミン、コリアンダー、ゼラニウム、チュベローズ、クローブ、スズラン。最後のベースノートはパチュリ、ベチバー、サンダルウッド、ヴァニラ、スチラックス［スチラックスは小アジアの木、リキッドアンバー・オリエンタリスから採取する。バルサミック系の香りのゴムである。ヘブライ人は奉納の際にもちいた］。コレットは『マリー＝ブランシュ・ド・ポリニャックへのオマージュ』のなかで、アルページュについて「まるでファッションのように、かすかな不調和がひそむ妙なる香り、すなわち最初にヴァニラのような香りが鼻孔を満たし、さらに別の香りが鼻の奥をくすぐる。最初見た感じはブロンドだが、褐色の肌が強いアクセントになっているのかもしれない」と表現している。

ともかく、初めてその香りをかいだマルグリット＝マリー＝ブランシュは、「アルページュ（分散和音）みたい！」と叫んだ。ピアニストで情熱的な音楽家だったマルグリット＝マリー＝ブランシュの直感は正しかった。新しい香りの名前がこの瞬間に決まった。

ボトルのデザインを決めるとき、ジャンヌ・ランバンはまたしても友人アルマン＝アルベール・ラトーに頼んだ。ラトーはもともと、それまでに手がけた香水に丸いボトルを考案してきた。今回、ラトーは究極のアール・デコ様式としてこの形をとらえなおし、黒い不透明ガラスの完全な球体をイメージした。すぼまったボトルネックについている金色の栓は、ラズベリーか、あるいは切り分けたメロンのような形をしていた。しかしこの黒い球体には絵がほしかった。デッサンを担当したのはポール・イリブだった。ロングドレスを着て教皇冠のようなものをかぶったジャンヌ・ランバンがマリー＝ブランシュと手をつないでいる絵が金色の手描きでほどこされた。なめらかで心和む感触、高貴で神秘的なボトルだった。以後「球体ボトル」の容器はランバン製品のトレードマークとなった。さらにジャンヌ・ランバンはバカラに透明クリスタルやさまざまな色のボトルも作らせた。

コレット、イヴォンヌ・プランタン、ルイーズ・ド・ヴィルモランは、すぐにアルページュにとびついた。ルイーズ・ド・ヴィルモランは、「アルページュは幸福な歌を口ずさむような音楽的な香り、花と果実と毛皮と葉っぱを同時に感じさせる香りである」と書いている。

アルページュの後、ジャンヌ・ランバンは五つの香水と二つのパルファンドトワレットを発表した。

一九二八年に出した「ラム・ペルデュ」、「ペタル・フロワッセ」は「マイシン」と「ジェラニウム・デスパーニュ」を思い起こさせる香りだった。その五年後、「スキャンダル」が誕生した。レザーとフローラルのまじりあった香りで、ネロリ、マンダリン、ベルガモット、セージ、キュイール・ド・リュシー（ロシアの革）、イリス、ローズ、イランイランをベースとして、インセンス（香《こう》）、オークモス、ヴァニラ、ベチバー、ベンゾインが奥にひそんでいる。「ブリュネット（褐色の髪の女性）のための特別な香り」と広告はうたっている。この香水は一九七一年に製造中止になっている。

「リュムール」は一九三四年に誕生した。シトラス系のノート（オレンジ、シトロン、ベルガモット）がローズブランシュとスズランのミドルノート、ムスクとアンバーのベースノートと調和している。「毛皮をまとったときに」素晴らしく広がる香りだった。今日では「リュムール２ローズ」という新しいヴァージョンがバラ色のボトルで売られている。

一九三七年、ジャンヌ・ランバンが出した最後の香水は、「パルファン・ド・プランタン」（春の香り）だった。その名にふさわしくローズとカーネーションといったフローラル系だけでなく、ベルガモット、アンバー、サンダルウッド、トンカビーン、ベチバー、シベット、レザーもふくまれていた。「プレテクスト」はジャンヌの親友イヴォンヌ・プランタンの香水だった。第二次世界大戦を目前にした時期、イヴォンヌがその魅力を周囲に広めた。残念ながらこの香水は一九六九年に製造中止となった。

一九三八年、七一歳のジャンヌ・ランバンはレジオンドヌール章をサシャ・ギトリーの手から授かった。ギトリーは授賞式のスピーチで、「成功しただけではなく時代を先どりした点からも」なみはずれたクチュリエールであるとほめたたえた。

第二次世界大戦中もジャンヌは事業を継続することができた。彼女は新しい経営環境、原料の減少を見込んでいた。一九四〇年、雑誌「プールエル」に掲載された記事で、ジャンヌはヴィオレット・ルデュックの質問に答えている。「シンプルで、きわめて美しいものを創造しながら今の状況に適応しなければなりません。九月にドイツやイタリアに輸出できるようになれば、この冬、うちの会社の七〇〇人が失業しないですむでしょう」。オートクチュールでさえ、それまで顧みることのなかった考え方をとりいれなければならなかった。みずからなにかを行ない、あたたかさと快適さを手にしなければならないのだ。新作ドレスに「外出する」、「自転車に乗る」、「栄養補給する」などという名前がつけられた。

さらにこの窮乏の時期も演劇活動は続いていた。ジャンヌ・ランバンはマルセル・パニョルの「トパーズ」、エドゥアール・ブルデの「祝婚歌」の衣装を手がけることができた。ヴァレンティン・テシエをはじめとする女優たちはパリに残り、街着も舞台衣装もランバンの装いですごした。

一九四三年一〇月、マリー＝ブランシュの夫ジャン・ド・ポリニャックが亡くなった。ジャンはかなり前から重い呼吸困難に苦しんでいた。マリー＝ブランシュはうちひしがれ、夫の亡骸にすがって離れようとしなかったほどだったが、どうにかたちなおり、ピアノの演奏を再開した。フランスの国土が解放されると、ジャンヌ・ランバンは解放者たちに触発された。「ノルマンディ」は婦人用のシャツブラウス「チューインガム」そっくりの黄色いジャケットだった。

会社は大きな損失もなく大戦の動乱をのりきったものの、ジャンヌは八〇歳近くなっていた。シンプルな黒のドレスにスパンコールのジャケットをはおった気品のある老婦人だった。彼女はフォーブール・サン＝トノレ通りを毎日、お供をつれて歩いた。バラの花束を飾ったオフィスに座り、来客を迎え、そしてアトリエに足を運んだ。こわい人と思われながらも尊敬と憧憬の的だった。カメラマンたちはカトリネットとよばれる、未婚で二五歳を迎えた女性従業員たちにかこまれたジャンヌを写真におさめた。

マリー＝ブランシュはつらい年月をすごした。夫に続いて、恋人エドゥアール・ブルデが亡くなった。マリー＝ブランシュは悲しみのあまり、一九四五年初め、大好きなピアノの恩師ナディア・ブーランジェにあてた手紙に「命より大事と思った人たちをすべて失い、私もいっそ死んで彼らの元へ行きたいのです」と書いた。ナディアのことをマリー＝ブランシュは第二の母と慕い、親しくしていた。かけがえのない周囲の人々のなかで、まだ健在な母ジャンヌが娘の前に姿を現わさなくなった。母の不在はいやおうなしに目についた。マリー＝ブランシュの再婚で、母娘はすっかり疎遠になった。娘の社交生活にジャンヌは不服だった。ポリニャック家は来客が多く、内輪のコンサートをよく開き、それだけでなく阿片におぼれていた。ジャンの他界後、母と娘はバルベ＝ド＝ジュイ通りでばったり会った。思いやり深い母にとって娘はいつまでもだれよりかわいかった。

ジャンヌは少しずつ弱っていった。一九四六年七月六日、ジャンヌは七九歳で亡くなった。五〇年間でランバンという伝説を定着させた会社の経営は娘に託した。

創作から八七年たった今も、アルページュは洗練と神秘の象徴である。モナコのグレース・ケリーやダイアナ妃も愛用した。一九九三年処方が若干変更され、現代風の香りになったが、依然として模倣は不可能だ。ルイーズ・ド・ヴィルモランは「妖精がすすめる」香りと評した。ならば、たとえ妖精たちが小さなジャンヌのゆりかごを訪れて恵みをあたえなかったとしても、彼女が他に類を見ない香りを創ることは許したのだ。

第5章　パトゥのジョイ

　ジャン・パトゥが「ジョイ」を創ることを決めたのは、株式相場が大暴落した一九二九年の翌年、経済不況のさなかだった。アメリカの有名なコラムニスト、エルザ・マックスウェルによれば「世界一高価な香水」だった。パトゥが挑戦的だったのかといえば、まったくそうではない。ジャン・パトゥはただ、すべての女性を喜ばせたかった。とくにパトゥのドレスを手にするだけのお金がなくなったアメリカの顧客たちを。

　一九二九年は、株式の崩壊以外にも、カレーとニースを結ぶトランブルーの開通、セルゲイ・ディアギレフの死去、ニューヨーク近代美術館の開館などなにかと出来事の多い年だった。ジャン・パトゥは、まさに上り調子だった。つねに時代を先どりするパトゥはオートクチュール、香水ともに一流と認められており、一九二五年には三つのタイプの髪色に合わせた香水三部作を発表した。ブロンド女性には「アムール、アムール」、褐色の髪の女性には「クセジュ」、赤毛の女性には「アデュー・サジェス」といった具合である。一九二八年には他に先がけて、女性だけでなく男性も使える、ユニセックスでスポーティな香り「ルシアン」を出した。

一九三〇年、ジョイは不況と悲観主義をはね返す最高に大胆な香りとなった。パトゥは生涯、意表をつく反抗者であり、家族は彼が若い時からその天の邪鬼ぶりに手を焼いていた。

ジャン・アレクサンドル・パトゥは一八八七年九月二七日、パリの一〇区に生まれた。皮なめし工のシャルル・パトゥと家庭の主婦ヴィルジニー・グリゾンのあいだに生まれた長男だった。五年後に生まれた妹のマドレーヌとは、生涯仲がよかった。マドレーヌが生まれてから、パトゥ家はオワーズ県エナンクール＝レアジュに引っ越した。シャルル・パトゥはこの地で皮（当時流行の家具に張られたサメやエイのなめし皮）専門のなめし工房をもった。のちに強力接着剤製造工場も設けた。父ジャンは一九一一年頃工場を引きはらい、皮なめしの仕事に専念し、家族はパリにふたたびうつったようである。

ていねいな仕上がりとディテールへのこだわり、仕事の多様化に向かうジャン・パトゥの性格は父親ゆずりだろう。一八歳でバカロレアを取得したジャンは父親の後を継ぐ気はまったくなかった。彼は軍人を志し、一九〇五年に三年の予定で入隊したが、強情っぱりで従順さに欠けていた（髪を切るのを嫌がったようである！）。一九〇八年に待命、予備役となり、クチュリエの修業をつみ、パリに注文服店をいくつか開いた。そのひとつが一九一四年に設立した「ジャン・パトゥ社」である。会社を設立してまもなく、ジャンは軍隊によびもどされた。しかし戦列にくわわるなど大の苦手で、たびたび病気になったのがもとで上官の心証を悪くした。一九一六年、ギリシアのテッサロニキに送られた彼は、母親への手紙に「戦線よりもこの東欧の地にいる方が幸せです。こんなところに追いやられてくやしいとは思っていません」と書いている。

東方のギリシアですごしたことは、後にパトゥのデザインに影響を及ぼした。ペプロス（金の刺繍入りチュニック）、多彩な光沢のあるベスト、宝石をちりばめたドレスからはギリシア時代のインスピレーションが感じられる。パトゥの作品の魅力は世界中から集めたさまざまな布地にあった。彼はバルカン半島から刺繍入りベストと濃紺の中国製生地をもちかえった。パトゥは書物からも着想を得た。毛皮つきコートはアナトール・フランスの小説にちなんで「タイース」と名づけた。

一九一九年、ジャン・パトゥは兵役を解かれた。開戦時にたちあげた会社を再建しなければならなかった。四年後、パリ一六区のフェザンドリー通りの大邸宅に仕事場をかまえた。書斎には、ラドヤード・キップリング、コレット、アンドレ・ジイド、ピエール・ロティの作品がならんでいた。壁には、ブラック、ピカソ、フェルナン・レジェの絵がかかっていた。サロンは、祝い事やパーティにおあつらえ向きの庭に面していた。とんでもなく変わった趣向で話題になったパーティもあった。あるパーティでは、猛獣使いが鎖でつないだ子ライオン三頭をつれてきて、くじ引きであたった三人の客に提供したりした。

パトゥはビアリッツに近いベリオッツの森に建てた別荘で英気を養うのが気に入っていた。友人ルイ・スーが設計した、噴水が両側から交差する巨大プールつきの現代的な家だった。伊達男パトゥは客をもてなすのがうまかった。一九二四年、風刺的な雑誌「ファンタジオ」に彼のプロフィールが紹介されている。「やせ型で長身、髭は伸ばさず、きれいな歯ならび、うしろに流したつやの良い栗色の髪、澄んだ瞳、すらりとした体つきのジャン・パトゥ氏にはもって生まれた気品がある」

一九一四年の創業以来、「ジャン・パトゥ社」本店はサン＝フロランタン通り七番地にあった。会社は大規模な多角化により繁栄し、売上高は一九一九年から一九二四年の間に三〇倍になった。パトゥのとろりとした感触のドレスは素晴らしかった。パトゥはエレガントな服だけでなく、スポーツウエアや香水も創った。

パトゥの注文服店の一階にある「スポーツコーナー」の棚には、釣り、ゴルフ、スキー、乗馬、飛行、そしてもちろんテニスといったさまざまなスポーツに対応する、着心地の良いジャージー生地のオーダーメイド服がならんでいた。テニスの世界チャンピオン、シュザンヌ・ランランは真っ先にJPのイニシャルが刺繍された服を着た。モノグラムをデザインとして使ったのはパトゥが最初だった。洗えるシルクのプリーツ・ドレス、男物にヒントをえたやわらかいウールジャージーのカーディガンなど、パトゥがデザインしたスポーティな服を誇らしげに着たランランは、当時の数多くの写真に写っている。

パトゥは「ウィークエンド鞄」なるシリーズも考え出した。水着からビーチウェア、ダンス衣装からゴルフウェア、ドレッシィなカーディガンからテニスウェア用カーディガンにいたるまで、すべてをまとめた、おしゃれなひと揃えというわけだった。

一九二五年、ジャン・パトゥは女性の三タイプに対応するフルーティフローラルな香り三部作を世に送り出していたが、思ったほど売れなかった。ユニセックスな香水「ルシアン」の方が、人気があった。パトゥはいち早くこのユニセックスという未開拓分野に目をつけた。「スポーツという分野では男も女も平等だ。スポーツウェアはひじょうに簡素なものなので、女らしさを主張しすぎない香りにする必要があった。『ルシアン』は男らしい感じが強く、さわやかで元気の出る香りだ。男性だけでなく、ゴルフをし、煙草を吸い、時速一二〇キロで運転するようなさっぱりした現代女性にも向いている」とパトゥは述べている。

パトゥは他に先がけて、一九二七年に日焼け用のボディオイル、「ユイル・ド・シャルデ」も売り出した。一九二〇年代初めから、肌を焼くことが流行していた。その上パトゥは一九二四年すでにドーヴィルに水着の店を開いていた。「ユイル・ド・シャルデ」という名は、きれいに焼けた肌と美貌で有名だったシュメール人女性、シャルデにちなんだ。独特の感触と、アンバー、オポポナックス、フローラル系、スパイス系を組み合わせた香りは日光浴にふさわしかった。

しかしまだパトゥには、ジャンヌ・ランバンのアルページュ、シャネルのNo.５のような香りの代表作がなかった。そこで彼はサン＝フロランタン通りの店の一階に「香りのバー」をつくった。どんなエッセンスでも試すことができ、それらを組み合わせて「自分の」ブレンドを創ってもらうというシステムである。ブラッディ・マリーやマンハッタンといったカクテルを作るような按配だ。パイナップルのような形の栓のついたボトルは、友人の建築家たち、ルイ・スーとアンドレ・マールが考案した。

一九三〇年にジョイを創ったとき、ジャン・パトゥはコラムニストのエルザ・マックスウェルとともにグラースに足を運んだ。エルザはその後アメリカでの販売促進に貢献することになる。パトゥの調香師、アンリ・アルメラスは調合した香りをいくつか提案したが、エルザもパトゥもあまりピンとこないようすだった。アルメラスはままよとばかりに、ローズとジャスミンのもっとも貴重なエッセンスを組み合わせた香水を差し出した。原価がとんでもなく高く、このままではとても商品化できないだろうと高をくくっていた。ところがあまりに素晴らしい香りだったので、パトゥとエルザはたちまち夢中になった。このエッセンスを薄めてもっと採算のとれる香水を作るなど、とんでもない！

こうしてジョイは誕生し、エルザ・マックスウェルが考えたキャッチコピーによれば「世界一高価な香水」となった。エルザは回想録のなかで、「どの売り場でも、ジョイは最高級品のスタンダードとなるだろう。まさにロールスロイスが車の世界においてしめる位置だ」

ジョイに使われているのは、ブルガリアンローズ、グラースのジャスミン、グラースのセンティフォリア・ローズといったもっとも希少で高価なエッセンスである。この香水を三〇ミリリットル作るのに、一万のジャスミンの花と三三六のバラの花が必要なのだ。ゆえに一度に作れる量はごくわずかである。だから高いのだ！　通常のように二種類の花を別々に処理したりしない。ローズもジャスミンもたがいに香りをうち消しあうことなく、見事な調香である。そして今回の香りはすべての女性のためのものだった。ブリュネット、ブロンド、赤毛、髪の色を問わず、フランス女性だけでなくアメリカ女性のためでもある香りだった。

ルイ・スーはバカラ社と協力し、古代ギリシア人が発見し建築に応用されてきた黄金比に従ってボトルを考案した。ボトルに手作業で香水を満たす前にはアルコール洗浄を行なった。すりあわせガラスを使うことにより、栓がボトルの口にぴったりはまるようになった。腸膜《ボードリュシュ》とよばれる、湿った薄膜が乾燥しながら固まり、ボトルを密封する。伝統的な封印にのっとって栓のまわりには金糸が巻かれた。一九三二年、パトゥがもっていた中国製の翡翠《ひすい》の嗅ぎ煙草入れをモデルに、ジョイの赤と黒の小さなボトルが作られた。処方はつねに同じだったが、収穫や季節によって香りが変わるおそれがあり、調香師の苦労は、いかなる狂いも生じないようエッセンスを調合することにつきるのだった。

究極の贅沢の象徴となるこの香水を、大衆路線で売りさばくわけにはいかなかった。エルザ・マックスウェルはアメリカの販売戦略を引き受けた。アメリカの知り合いでとびきりの著名人二五〇人にサンプルを送ったところ、大反響だった。

この香水の名前は、これまでの凝った製品名とはまったく趣を異にした。ジョイ、たった一音節で現代的で英語だった。歓喜へのいざない…

ボトルは完璧に幾何学的で、最高のローズと最高のジャスミン（シャネルと同様、パトゥはグラースに専用の花畑をもっていた）をベースにした香りは、パトゥとココ・シャネルとのライバル関係をいやがうえにもかき立てた。シャネルはNo.5の人工的な魅力を主張し、パトゥはジョイの自然さを強調した。二人のクチュリエがたがいに抱いた憎しみはたんなる逸話どころではなかった。顧客、広告業者、そしてしばしばアイディアさえも、二人はあらゆる場面でかち合った。たがいに相手を滅ぼそうとたくらんでいた。シャネルが一九二六年に「プティット・ローブ・ノワール」（黒いミニドレス）を発表して勝利をおさめたかと思えば、パトゥは一九二八年にギャルソンヌ（少年のような女性の意でシャネルがリードしたスタイル）の流行は終わったと告げ、作家コレットを大喜びさせた。コレットはギャルソンヌ・ルックが気に入らなかった。とはいえ、長い髪を真っ先に切ったのは彼女だったのだが…。シャネルのデザインしたひじょうに短いスカートをはいた女性たちを見ると、パトゥは嫌悪感をあらわにするといわれていた。パトゥはこうした婦人たちのまがった膝ときれいとはいえない足を目にしたくないばかりに、ロングドレスをデザインした。とはいえ女性解放の気運が高まっている時期に、スカート丈を長くするのはいささか勇気がいった。しかし、足をさらけ出さない分、パトゥのドレスは思いきり大胆に胸元をあけていた。斜めにカッティングされた白いサテン地のイヴニングドレスはエレガンスの極致だった。

パトゥがメゾンのニューヨーク支店を開いたのも一九三〇年だった。彼はたちまち「アメリカ人の眼」(目ざとい)といわれるようになり、一九二四年には、アメリカの広告戦略を研究するため渡米した。彼はヨーロッパのクチュリエとして初めてアメリカ人のモデルを雇った。彼女たちはフランス人モデルよりすらりと背が高く、筋骨がしっかりしていた。フランスではまだ婦人参政権が認められていなかった時代に、パトゥは、経済的自立を保証するだけの条件をこうした若い女性たちにあたえた。

実業家ジャン・パトゥは、メゾンの経営と芸術的方針の責任者だった。ドン・ファンと騒がれたこの伊達男は、女性(とスポーツカー!)をコレクションしていた。エレガントであかぬけた美男パトゥは女性を追いかけはするが婚約はしないといわれていた。つきあった女性には、美貌のアメリカ人、ヘレン・ウィルスがいる。彼女はフランスのテニスのチャンピオンだったシュザンヌ・ランランのライバルでもあった。さらにハリウッド女優のルイーズ・ブルックス、イタリアの若き伯爵夫人アリババーネ・ニコレッタ。アリババーネはヴェネツィアで指おりの旧家の出で、彼女がルキノ・ヴィスコンティの弟と結婚したとき、パトゥはウェディングドレスをデザインした。他にも価値ある女性たちがパトゥの女性関係を彩った。モデルや従業員にも構わず手を出したらしいといわれている。

浪費家のパトゥは金に糸目をつけず、カジノで散財した。スポーツカーで思いきり飛ばすせっかちでもあった。

一九三五年五月二九日に出帆した大型客船ノルマンディ号の処女航海を祝して、パトゥは同名の香水を発表した。このときルイ・スーは船の形のボトルをデザインし、五〇〇個作られたその製品は船の乗客に配られた。ホワイトフラワー、ムスク、シトラスをベースに、ほのかにウッディな香調をもつ香水だった。この年、「ディヴィヌ・フォリー」も売り出した。贅をつくしてこそえられる喜びと過剰と快楽を表現した、うっとりするような香りだった。この官能的な香水はトップノートにネロリとイランイラン、ミドルノートにイリス、ジャスミン、オレンジフラワー、ローズ、ベチバーが組み合わされ、ムスクとヴァニラのベースノートがあたたかく高貴な余韻を残した。

一九三六年、「ヴァカンス」という香りが（資本家代表と労働総同盟のあいだで結ばれた）マティニョン協定と初めての有給休暇を祝して誕生した。ロレアルが開発した「アンブル・ソレール」（日焼け止めオイル）がフランス中で飛ぶように売れた。大規模なストライキが起こったこの年、ランコムが「レヴォルト」（反乱）という名の香水を発表したが、すぐに「キュイール」（革）と改称された。メキシコをはじめとする国々で、反乱へのよびかけとみなされたからである！

当時自転車が流行し、パリ中の人々が乗った。ジャン・パトゥはシャツブラウスと合うような素敵なキュロットスカートを考案した。ざっくりした生地、ツィードやリネンが大流行だった。

社会が動乱のさなかにあった一九三六年、ジャン・パトゥは当時住んでいたオテル・ジョルジュサンクで急死した。四九歳だった。破産状態だったパトゥは肺塞栓症で亡くなった［彼の死についてはほかに二つ説がある。ひとつは、一日仕事して疲れはて、入浴していたところ浴槽のなかで感電死したという説。もうひとつは、美女の腕の中で死んだらしいという説。こちらの方が色男のジャン・パトゥにふさわしい］。パトゥの母親は息子が残した莫大な借金を到底払うことができず、相続を断念せざるをえなかった。事業を受け継ぎ、ブランドを継続したのは義弟のレイモン・バルバスだった。バルバスは一九二三年からジャン・パトゥの香水部門の共同経営者で、もっとも古株だった。

「コロニー」は、一九三一年にパリで開かれた植民地博覧会に触発されて創られた。パイナップルの形をしたボトルは、フルーティシプレの香りとともにエキゾティックな印象をあたえた。一九四六年には「ルール・アトンデュ」（待望の時）が大戦の終結を祝して登場した。

さらに一九七二年、「ミル」（千）が誕生した。完成までに一〇年という月日と千の試作を要したことからこの名が生まれた。ジャン・ケルレオの手によるこの香水は贅沢で豊潤だった。そして型破りだった！　パトゥお得意のローズとジャスミンのアコードを軸に、中国原産のモクセイ（短期間しか咲かない白い花）が豊かに香った。トップノートはモクセイ、ベルガモット、ヴァイオレットリーフ、ミドルノートはローズ、ジャスミン、ゼラニウム、スズラン、ベースノートはパチュリ、サンダルウッド、オークモスである。なめらかなガラスのボトルには、ＪＰのモノグラムが際立つ金色の栓がはめられていた。初版品には番号がふられ、注文販売だった。

ジャン・ケルレオが一九九二年に発表した新しい香り、「スブリーム」はパトゥブランドの歴史に残る作品となった。フローラルオリエンタルな香りは、オレンジとマンダリンのみずみずしさに、イランイラン、ベチバー、サンダルウッドのあたたかい香調がよりそっている。もちろんヴァニラもほのかに一役買っている。

しかしながら、「ジョイ」、「スブリーム」、「ミル」はまたたくまに減産となった。二〇一一年七月、英国企業「デザイナー・パーフュームス」がジャン・パトゥを買収し、調香師トマ・フォンテーヌの登場によりパトゥの香水部門は息を吹き返した。フォンテーヌは過去の作品を掘り起こし、名作を再構成して「オー・ド・パトゥ」（一九七六年）、「シャルデ」（「ユイル・ド・シャルデ」の復刻版）、「パトゥ・プール・オム」（一九八〇年）を創り、コレクシオン・エリタージュとして蘇らせた。「一部の成分はなくなったり、使用禁止になっていたりした。研究と規格適合の作業に膨大な時間をかけた」とトマ・フォンテーヌは「フィガロ」で語っている。

二〇一三年、トマ・フォンテーヌはオリジナルを彷彿させる香り「ジョイ・フォーエバー」を創った。パウダリーなフローラル系で、パトゥ定番のアコードであるローズとジャスミンの気配がするが、トップノートにマンダリン、ガルバナム、ベ・ローズ（ピンクペッパー）が登場し、ミドルノートのイリスとオレンジフラワーがローズとジャスミンに溶けこみ、ベースノートのシダーウッド、サンダルウッド、アンバーがそれに続く。

オートクチュールの巨匠、時代を先どりしたモダンな男ジャン・パトゥは、スポーツウェアを考え出し、一九二〇年代のファッション界に革命を起こした。他の多くのファッションデザイナーと同様、彼特有の色をもち、「パトゥの赤」、「ナイルの緑」「パトゥのブルー」などといわれた。アメリカで

「ヨーロッパ一のエレガントな男」といわれたパトゥのすべては魅惑と気品だった。豊かな人生だったが、死は突然だった。香りの代表作、「世界一高価な」ジョイは、彼の偉業のひとつでありつづけるだろう。

第6章　キャロンのプール・アン・オム

理髪師につきもののラヴェンダーの香りと、女性らしいヴァニラの香りの組み合わせ。一九三四年、キャロン社は見事な発想でプール・アン・オムを創った。この意外なアコードは、現代の調香師をときには過剰なほど刺激してやまず、この香りを伝説の香水に昇格させている。

しかしながら、ラヴェンダーを男性用香水に使用したことは、女性用にローズを使用することと同じくらい危険だということを肝に銘じなければならない。地中海の「オール・ブルー」（青い金）といわれるラヴェンダーはありきたりだと思われることが多い。ラヴェンダーは消毒のために理髪店で使われるので、その連想がどうしても働いてしまう。香水のキャロン社を設立したエルネスト・ダルトロフはヴァニラを使って、やわらかく快い香りの官能性と洗練を両立させるという高度な離れ業をやってのけた。キャロン社はさらに踏み込んで、女性を誘惑するためのアクセサリーとして香りを利用することを男たちに提案することにした。当時は男性用オーデコロンやアフターシェーヴローションを使うのは日中に限られ、あくまで衛生上のことだった。一九三四年のキャンペーン広告には「エレガントな男の夜のために」なる宣伝文句で、タキシード姿の男が描かれていた。

たちまち好調な売れゆきを示し、世代や流行に関係なく、ゆるぎない価値、オーダーメイドの装いとして広まった。


一八六七年生まれのエルネスト・ダルトロフは、若い頃にさんざん放浪の旅をした。南アメリカから中東にいたるまで、ダルトロフはありとあらゆる香りをかぎ、異国の木々や熱帯の花々にたまらなく惹かれた。ダルトロフはひじょうに鋭敏な嗅覚をもち、さまざまな香りをかぎ分けることのできる、「ネ」（鼻）だった。彼はかなり幼い時からそれを自覚していた。社会に出て仕事をはじめたとき、親友のカーンと一緒に小さな香水会社、アニエール市のエミリア社を買収した。エミリア社はひと通りの香料とさまざまなオーデコロンを売っていた。社員は二人だけ、社屋はキッチンと二部屋だけというありさま、裸一貫の出発だった！

ダルトロフはまず社名に悩んだ。ドレフュス事件のさなか、パルファン・ダルトロフではユダヤ系の響きが強すぎた。キャロンという有名な曲芸師が新聞の演芸欄に載ったとき、彼はピンときた。この響きの良い二音節に秘められた音声の魔法は彼の心をとらえた。アンヌ＝マリー・キャロンという名の店がパリにあることを知ると、ダルトロフは単刀直入、看板を買い取らせてほしいと頼みこんだ。

一九〇三年八月一日、ダルトロフ、カーン、アンヌ＝マリー・キャロンは売買に合意した。こうして晴れてエルネスト・ダルトロフはキャロン香水会社のオーナーになった。

さらに新しい会社には高級感のある住所が必要だった。ラ・ペ通り一〇番地に空き家ができた。ダルトロフはチャンスとばかり飛びつき、同時に兄のラウルを引き入れた。オペラ座とヴァンドーム広場のあいだに創造の風が吹くことになる。ゲラン、エルメス、ブシュロンなど名だたるブランドが軒をならべる場所だった。英仏協商のニュースが新聞の一面をかざった一九〇四年、「ロワイヤル・キャロン」、「ラディアン」という二つの香水を発表したダルトロフ兄弟は、手堅く商売を進めた。

一九〇六年、エルネスト・ダルトロフは会社の建物の階段で新しい隣人とよくすれちがうようになった。フェリシー・ヴァンプイユというノール県出身の婦人帽子デザイナーだった。二人はのっぴきならぬ関係になった。高慢ちきな娘と仲むつまじいエルネストを尻目に、兄ラウルは二人から離れ、一人で仕事をする決心をした。フェリシーは良きアドバイザーとなり、エルネストが「ベル・アムール」、「ラヴィスマン」、現代的風潮へのオード「モデルニ」、「シャントクレール」（東天紅）の四作を発表するのをそばでささえた。「シャントクレール」はエドモン・ロスタンの同名作品より三年先に創られ、くっきりと型押しされた金のラベルには立派なとさかをつけた鶏が描かれていた。フェリシーはボトルの色や形、リボンを選ぶのがうまかった。エルネストはフェリシーと結婚したわけではないのに、彼女は配達伝票に「マダム・ダルトロフ」とサインしていた。フェリシーは内なる欲求をすくいあげるのがたくみで、エルネストを創作にかり立てた。彼はアーティストであり、彼女はエージェントになった。

キャロン社に世界中から注文が殺到した。一六〇―五一二の電話はひっきりなしに鳴った。一九〇七年から一九〇八年にかけて、「アフォラン」、「エクストレ・キャロン」、「スヴナンス」、「ドゥレット」、「パルフロール」、「エニヴルマン」など、魅力的な名前の香水が誕生した。ふんわりとした幸福感につつみこまれるような香りだった。

エルネスト・ダルトロフがこの頃考え出したものが今の化粧品の原型となった。当時としては画期的な新製品、「ポンポン＝プードル」である。小さな箱にブルガリアンローズの香りの白粉五〇袋を入れて売り出した。この袋で首まわりや顔にパッティングすると、今のパフと同じように適量の粉をはたくことができた。

キャロンの香水は、つぎつぎと新商品が出た。エルネストとフェリシーはそれぞれの才能をいかしあい、「アロマ・ド・ミ・ティエラ」、「アウレア・アモローサ」、「フロレシタス・オロロサス」など、詩的な名前の香水を発表した。白粉、ローション、オードトワレも同時にそろえた「ローズ・プレシューズ」、「ジャサント・プレシューズ」、「オレオル」、「シュルフロル」も売り出された。

一九一一年六月、ダルトロフはささやかな傑作「ナルシス・ノワール」を発表した。フルーティフローラルで、ヴァニラのニュアンスをおびたオリエンタル系でもあり、繊細でしかも強く、うっとりする香りだった。オレンジ、ベルガモット、プチグレン、シトロンがトップノート、ナルシス・ノワール・ド・ペルス、ジャスミン、ローズ、オレンジフラワー、ジョンキルがミドルノート、シベット、ムスク、サンダルウッドがベースノートだった。

この香りの名前は―ナルシス・ノワール（黒水仙）という花は存在しないが―、一九一一年という時代、未踏の森の狩りという、冒険とエキゾティズムへのいざないだった。宝石のように希少な、蘭に似た漆黒の花びらでも見つかりそうな森だ。フェリシーは楕円体のインク瓶のようなボトルを選び、アールヌーヴォー調で八角形の大ぶりな栓をつけた（クリスタルのパンタン社製だった）。またたくまにヒットした「ナルシス・ノワール」はキャロン社を香水の大手に押し上げた。映画の時代、作品の中で重要な役割まで果たした。映画「サンセット大通り」のある場面では、何の香水をつけているのかと聞かれた美しいグロリア・スワンソンが、挑発的なまなざしで「ナルシス・ノワール」と気だるい口調で答えた。さらに、別格の花形女優スワンソンは、撮影現場も楽屋もすべてこの香りで満たしてほしいと頼んだ。

以来キャロン社は勢いにのり、新製品をつぎつぎと開発した。スズランの残り香の「アンフィニ」はバカラの楕円形ボトルで、「エレガンシア」と「イサドラ」は乳白色のボトルで初お目見えした。それからまもない一九一三年、ストラヴィンスキーの「春の祭典」に呼応するかのように、「ラリシム」、「パルファン・プレシュー」、「ヴィオレット・プレシューズ」、「ロザティ」といった四つの香りの編曲を発表した。これらの香水は、アンフォラ（両耳つきの壺）型のボトルに入れられた。

キャロン社は、さらにヒットを飛ばしつづけた。つぎつぎと出した「アフォラン」のシリーズが当たった。一九一三年も同じシリーズで三種の新作、香りつきローションの「メリタ」、「オレリス」、白粉の「マジョリー」が誕生した。フェリシーがボトルの形をデザインし、包装を考え、色を選択した。彼女のお眼鏡にかなうのはベージュ、白、ピンクだけだった。フェリシーは、シルク、リボン、包装箱、ガラス製品にいたるまで最高級のものを求めた。

エルネストとフェリシーは製品開発にますますいそしんだ。ポール・ポワレはクチュリエとして初めて香水を開発した。ポワレはくすんだ色を排除したのと同様、甘い香りを流行遅れにし、はっきりした香調と個性に合った香りを創りだした。ポワレは工房の設備をととのえ、ガラス製造や包装箱の製造もそこでおこなうようにした。包装は一流のグラフィックデザイナーやイラストレーターが考案した。こうしてポワレの娘の名前と同じ、「ロジーヌ」という香水が生まれた。今日ではあたりまえに思われるが、この改革によってフランスの香水産業は一変した。思いきって奮発する宝飾品と香水を同等に扱い、服飾デザインとその当然の延長である香水をむすびつけることにより、ポワレは彼のメゾン「パルファン・ド・ロジーヌ」を発展させた。

フェリシーはいち早く、クチュリエが今後ますます従来の香水メーカーと競合するだろうと見ぬいた。彼女はエルネストとともに、オートクチュールのファッションショーに似あう、コンセプトのある香水を考案した。「ラモード」はこうして一九一四年に世に出た。「ラモード1915」「ラモード1916」のように毎年、コレクションに合わせて香水が出された。さらにライバルに対抗するため、キャロン社は従来よりも濃度を低くした香水のシリーズを開発した。一九一六年、エルネストは豊かな発想力で、プルーストを連想させるような会心作を出した。中心となるシプレローズをリラ、スミレがほのかにつつみ、ミドルノートのイリス、ベチバー、シダーウッド、サンダルウッドがゆらめき、ヴァニラ、アンバー、ムスク、オークモスの気配が全体にただよう。その名も「ネメ・ク・モア!」(わたしだけ愛して)だった! さらにフェリシーは「カレ・ガルベ(角がなめらかな正方形)」のボトルだけでなく房飾りつき小箱も考案した。第一次世界大戦下、前線に赴いた恋人の帰還がどれほど待ちどおしいことか！　そして一九一七年、「ミモザ」が登場した。

一九一八年、大戦が勝利に終わると、パリはファッション界での優位をとりもどした。世界中の女性が香りを物色するためにパリを訪れ、最先端の香りがこの町に集中していることをだれも疑わなかった。シーズンごとに新しい香りが誕生した。新作は数週間で知れわたり、その名はひとつの時代とむすびついた。時代を超えて残った香水も多い。春の朝のように軽やかで、教会の庭のようにみずみずしくつつましやかなフローラル系の香り、高価な毛皮や極彩色のドレスに合わせる濃厚な香り。どれひとつとして似たものはなく、肌につけて消えていくところに神秘があった。

一九一九年にニューヨークで開かれた博覧会で、コティとキャロンはその年もっとも独創的だった香水メーカーに贈られる賞をめぐって火花を散らした。フェリシーとともに参加したダルトロフは、初日のレセプションに続く晩餐会場に、スイートピーを盛ったクリスタルの鉢を飾り、出席者にバラの花びらをシャワーのようにあびせ、部屋中を「ナルシス・ノワール」の香りで満たすというアイディアを思いついた。キャロンは賞金をさらい、アメリカの新聞の第一面を飾った。

アメリカでの成功にもかかわらず、ダルトロフとフェリシーの関係は急速に冷えていった。フェリシーは幸せではなくなり、ダルトロフの出張中に二人の家を出てホテル・リッツにうつった。フェリシーの眼に、彼はビジネスしか眼中にない、つまらぬ男とうつり、もはや一緒にいることにたえられなかった。ダルトロフは動じずに別離を受け入れ、つねに彼女をキャロンの発展の立役者として花を持たせ、「種まく人」とよんだ。わたしの仕事がむすんだ実を収穫できてあなたは大満足でしょう、とフェリシーはいい返した。

まもなくギャルソンヌ・ルックが流行りだした。一九一九年の女性たちは、祖母ゆずりの古めかしいギピュール・レースには見向きもせず、ジャージーのスポーツウェアや短めのイヴニングドレス、マリンルックのズボン、ニットのプチ・アンサンブルに憧れ、新しいファッションだけでなく新しい生活への願望を率直に表した。キャロンは彼女たちに、フローラル・レザーをベースにした、はっとするような香り「タバ・ブロン」を贈った。ほとんどユニセックスのフレグランスだった。あいかわらず進取の気象にとむキャロンは、「マジックシティ」と「フルロンヌ」という二種類の白粉をアメリカ市場にもちこんだ。

天才的な調香助手、ミシェル・モルセッティがきて、ますます創作現場は活気づいた。この頃から、専門家の間では「キャロンらしい香りのスタイル」という言葉が聞かれるようになった。たとえばゲランがヴァニラとオリエンタル系をベースにエッセンスを創りあげるのに対し、キャロンは複雑なフローラルブーケの創造にキャロンらしさがあると自負していた［ジャン＝マリー・マルタン＝アテンベルク『キャロン』ミラノ出版社、二〇〇〇年］。

キャロン社は一九二三年に新製品を「ナルシス・ブラン」と名づけ、ニューヨークの高級街フィフスアヴェニュー三八九番地に支店を出した。ハリウッド中がすぐにキャロンに飛びついた。つぎなる香水、「バン・ド・シャンパーニュ」は禁酒法時代のまっただなかの挑戦だった。シャンパンボトル型の瓶には、気だるい感じの酔いどれ女が二人、浅く浮き彫りになったしゃれたラベルが貼られていた。一九二二年にキャロンが発表していたのは、キリスト降誕に捧げられた賛歌のように、バカラの黒く不透明なクリスタルボトルに入った「ラ・ニュイ・ド・ノエル」だった。一九二〇年代の最後を飾ったのは、「ベロージャ」と「アカシオサ」だった。ローズ、ジャスミン、スミレ、オレンジツリーをベースにしたこれらのフレグランスはシンプルで魅惑的だった。

一九三二年キャロン社から、エレーヌ・ブシエ、アメリア・イアハート、マリズ・バスティエら空の女性冒険家をたたえた香水、「アン・アヴィヨン」が出た。小箱はアエロポスタル社の小包の形だった。一九三三年、キャロン社は初めて口紅を発売した。その勢いで新趣向のコンパクトも考案された。

さらに一九三三年、ダルトロフはスポーツ界における女性の地位をたたえ、より軽やかでダイナミックな香水、「フルール・ド・ロカイユ」を創った。陽に焼かれた石（ロカイユ）のように強く、その上に咲く花のように繊細なフレグランスで、フローラル・ジャスミンだった。ダルトロフは香水製造における最新の成果、アルデヒドをとりいれた。この個性の強い分子は香水に力と女性らしさとみずみずしさをあたえた。女優のヴィヴィアン・リーはこの香りに夢中になった。

一九三四年は、キャロンの「プール・アン・オム」の華々しい登場の年だった。ダルトロフは伝統を打破しようと、男たちに向けた初めての香水を創ることにした。当時の男性スターはティノ・ロッシ、モーリス・シュヴァリエ、クラーク・ゲイブル、そしてジョゼフィン・ベーカーと共演したジャン・ギャバンだった。美男のジャン＝ピエール・オーモンはこの年、コクトーの戯曲『地獄の機械』によって彗星のように現れた。アガサ・クリスティーはスリル満点の『オリエント急行殺人事件』を、アンリ・ド・モンテルランは『独身者たち』を発表した。新聞はスタヴィスキー事件（多くの政界上層部が関与していたとされる疑獄事件）を大きくとりあげた。アメリカでは銀行強盗と殺人をくりかえしたボニーとクライドのギャングカップルが警察の銃弾をあびて死んだ。女性パイロットのエレーヌ・ブシェは飛行訓練中に事故死した。しかし明るいニュースもあった。シトロエンは初のトラクシオン・アヴァン（前輪駆動）車7Aを売り出したではないか。

一九三四年、男らしさと装いはあいいれないと考えられていたし、男たちは香水といえば少しラヴェンダーを使うくらいだった。ダルトロフと相棒モルセッティは、みずみずしさそのもののようなアルプ＝ド＝オート＝プロヴァンスの最高のラヴェンダーを大胆に使って調合し、ヴァニラとアンバーのほのかな香りが魅惑を運んでくるようにした。シンプルな組み合わせだったが洗練されていた。ラヴェンダーのさわやかでつんとするフローラルな力が、あたたかくやわらかいヴァニラとはっきり調和し、陶酔感のある香りになった。

しかしながら、よく嗅ぎ分けてみると、トップノートのかすかなローズマリー、気化した後に感じられるウッディな感触、そっとよりそうムスクのような微妙な香りをさまざま感じとることができる。しかしこうした「二次的な」香調は陰の立役者だ。下でささえているが、ラヴェンダーとヴァニラの見事な対話の背後でごくたまに感じられる程度だ。

コラムニストのグレッグ・ジャコメはこの香りの二重性を的確に分析した。「ヴァニラが優位に立つと、ラヴェンダーはプロヴァンスのさわやかなそよ風のように鼻孔をくすぐりにもどってくる。ラヴェンダーが優位にたつと、ちょっと優し気な感じになり、熱はやわらぎ、ヴァニラの草っぽい香りがたちあらわれる。そしてラヴェンダーとヴァニラは話し合い、場所を変え、一緒に戯れるのだが、しかしそれは、こちらが気をきかせ、礼儀をきちんとわきまえてそっぽを向いていればの話だ」

プール・アン・オムは、氷と火、さわやかさと官能性の、不可能を可能にした出会いだった。ラヴエンダーの灰色がかった青とヴァニラの太陽の黄の調和、香りの陰と陽、天使と悪魔の対照的な錬金術の妙だった。二つの大戦という嵐にはさまれたつかのまの静けさを享受したこの時代らしい大胆な香調だ。格調があり、くらくらするような感じも強烈さもなく軽やかで快い残り香が感じられる。エレガンスと派手さが調和することも、まれにはあることを納得させる香りだった。

男らしさをアピールする名前であり、常識をくつがえしはしたものの、とんでもない香りではなかった。簡素な立方体のボトルには落ち着きがあった。むだのない線がガラスの技巧を一切感じさせず、時を超えたエレガンスをさらりと伝えていた。

プール・アン・オムはまたたくまに男性客に受け入れられ、製品のコンセプトに安心した男たちは堂々とオードトワレを買って身につけられるようになった。女性がこの香水をプレゼントすると、男の方は男っぷりを認められたしるしとして受けとった。開拓が始まったばかりの男性用香水市場にヒット商品が誕生した。その後、ロシャスの「ムスタシュ」、ロベール・ピゲの「クラヴァシュ」、ダナの「プルマン」、ランコムの「バラフル」、ルイ・フェローの「コリーダ」、ゲランの「アビルージュ」、ディオールの「オーソバージュ」が続いた。男っぽさを強調するためか、あいまいさのない名前ばかりだ。

キャロンのプール・アン・オムはこうした熱気をおびた香りのひとつで、匂いに敏感な人々の好みに合った。ジェームズ・ディーンはこの香水を手放さず、まるで手袋のようになじんでいた。他にもフランソワ・ミッテラン、ニコラ・サルコジ、ジャック・シラク、トム・フォード、パトリック・ポワヴル・ダルヴォルなど、この香りをつけていた人物は枚挙にいとまがない。ダンサーのパトリック・デュポンやラグビー選手のセバスティアン・シャバルは広告キャンペーン強化の際、プール・アン・オムのシンボルになった。

一九七二年、セルジュ・ゲンズブールはジェーン・バーキンとともに、粋なコマーシャルソングでこの香水の魅力を歌い上げた。


俺はそれほど美男じゃないが水もしたたるいい男で通っている／いい男っぷりが俺の魅力で、まさに秘密兵器さ／キャロンのプール・アン・オムは男のためってことさ／女をなびかせる奥の手があるノそれこそ俺の魅力／まさに秘密兵器さ／キャロンのプール・アン・オム／キャロンのプール・アン・オム／オードトワレ／そして魅力のすべて

多くの女たちもまた、プール・アン・オムの虜になった。大戦中にはプール・ユヌ・ファムという名前で売られた。戦時下で、ユダヤ人が設立したブランドは法外な税金を課された。ポーランド系ユダヤ人のエルネストはナチの支配から逃れるため、アメリカに亡命しなければならなかった。フェリシーは二〇〇パーセントもの税金を払いたくなかったので、一九四一年、処方は変えずに製品を改称して売り、存続させることにしたのである。見事な切りぬけ方だった。

一九四一年二月三日、亡命生活にたえられなかったエルネストの訃報がパリに届いた。キャロンは創業者を失った。事業継承の道のりは長かった。フェリシーは経営者としてとどまった。ドイツ占領からフランスが解放されたとき、彼女は香水産業の数少ない女性経営者の一人であり、ヴァンドーム広場一〇番地にサロン・デ・パルファン・キャロンをオープンした。贅沢な装飾はジャンセンの手に

よるものだった。フェリシーは自分よりはるかに若いジャン・ベルゴーと一緒にひそかに人生の再出発をしていた。ベルゴーの実家は、一九二九年の世界恐慌で破産したノール県の大実業家の家系だった。

ビロードのようなフローラル系「ファルネジアナ」、豪奢な「オール・エ・ノワール」、数種のローズを組み合わせた香りのオーバード（表敬演奏）の「フェット・デ・ローズ」、挑発的な「ホワイトプレジャー」など、新しく贅沢な香水が宣伝費をつぎこんで売り出された。一九五二年四月、フェリシーはモルセッティにスズランをテーマにしたフレグランスを創るよう依頼した。その結果、シンプルなフローラルノートの若い香水「ミュゲ・デュ・ボヌール」ができた。スズランがジャスミン、ヘリオトロープ、マグノリアによって引き立てられると同時に和らげられている。一九五四年、「ポワヴル」が誕生した。ゼラニウムローザをベースにし、ジャスミン、チュベローズ、カーネーションが脇をかためるブーケだった。一九五七年、八〇歳になったフェリシーは、「ポワヴル」の姉妹品となるすっきりした香りのオードトワレ「ク・ド・フエ」を発表した。

一九六一年、パルファン・キャロンは取締役会のある株式会社となった。翌年、高齢となったフェリシーは銀行家ホッティンガーにキャロンを売却した。ホッティンガーは魅力的なジャン＝ポール・エルカンを社長にすえた。エルカンは一族の一人、マレーラ・アニェリを取締役会に引きいれた。新たな陣容で会社の近代化をはかり、商品包装に装飾文字を入れた。エッセンス、オードトワレ、オーデコロン、白粉のディスプレーの仕方を洗いざらい検討し、キャロンのデパート進出を交渉した。

一九六七年一一月、フェリシーは九三歳で亡くなった。フランス香水産業の一時代が彼女とともに幕を閉じた。製薬研究所を所有する裕福なアメリカ人らがキャロンの新しい経営陣となった。ジョルジュ・ポンピドゥの義理の兄弟のフランソワ・カステックスがエルカンの右腕といわれるようになり、アラン・ド・ロトシルドとナディーヌ・ド・ロトシルドが取締役会にくわわった。

新しい調香師、ジェラール・ルフォールが登場した。彼は伝統を打破してみせた。一九七〇年、きわめて前衛的なブーケ、「アンフィニ」を、一九七六年に、しなやかでありつつメタリックな熱い余韻を残す「ヤタガン」を発表した。ナディーヌ・ド・ロトシルドは、その発売記念パーティをスイスのプレグニー城で開いた。

一九七九年、ジャン＝ポール・エルカンは別の手をうった。エリザベス・アーデンとパトゥで手腕を発揮したアンリ・ベルトランが助っ人によばれたのである。一九八〇年、ベルトランは「ロー・ド・キャロン」を発表した。ベルガモット、グレープフルーツ、オレンジ、シトロンがフローラルウッディベースとまじりあった、元気と活力をあたえるオーデコロンだった。一九八一年、今度は「ノクテュルヌ」が市場に攻勢をかけた。一九八五年、キャロンは「ル・トロワジエム・オム」（第三の男）で大きな反響をよんだ。この男らしい新製品はシトラスウッディなフゼア系で、フランス香水の「フゼア（幻想的な香り）の」長い伝統の中で培われた香りだった。

一九八六年、毛皮と香水のレヴィヨン社を吸収したばかりのコラ・グループが、キャロンを買収した。数量限定の精巧なボトルがコレクターの熱い要望におうじてつぎつぎと売り出された。香水の黄金期を甦らせ、消えた逸品を復活させることは新たなライトモチーフだった。ほぼ二年ごとに、キャロンは限定シリーズでそのひとつを発売した。こうして（一九五四年の）「プワヴル」がオリジナルのボトルで一四〇〇本作られた。キャロン創業五〇周年を記念して作られた、バカラのクリスタル製アンフォラ（両耳つきの壺）型であった。流行を超えた香水の希少価値と特別感をアピールし、本店でのみ販売された。フォーブール・サン＝トノレの店には、「ナルシス・ノワール」にほれこんだデイタ・フォン・ティース、「アン・アヴィヨン」の大ファンのイザベル・アジャーニ、カンボン通り（シャネル）から浮気しにくるカール・ラガフェルドの姿が見られた。

とはいえすぐに新しい香りが誕生した。一九九一年にはいかにもキャロンらしい、スパイスのきいたオリエンタルな「パルファン・サクレ」が登場した。一九九三年から一九九六年にかけ、キャロンは「リンパクト」という名のオードトワレで完結する、さわやか系の香りをいくつか発売した。

一九九八年、植物由来の製品開発にこだわり、フィトやリーラックといったブランドを成功させたパトリック・アレスが、キャロンの新たなオーナーになった。アレスが最初に手がけたのは「レディキャロン」で、伝統の流れにそった高級感あふれる香りだった。たとえようのない個性的なフレグランスだったが、ボトルを開けたとたん魅了される香りだった。マグノリアとネロリが、ラズベリーとモモを組み合わせたグルマン系のミドルノートを予感させ、ウッディな余韻とオークモスのほのかなアクセントがそれに続く。

リチャード・フレイスが新たな調香師に任命され、キャロンの品質は最高の保証をえたことになる。フレイスの祖父は、一九一三年にヤードレーで「イングリッシュラヴェンダー」を創作した。父親のアンドレは、一九二七年にランバンのアルページュを共同制作した。リチャードは子どもの時から、香水産業という不思議な世界にどっぷりつかって育った。官能的な「レディキャロン」の他、二〇〇〇年に出た「ラナルシスト」は特筆すべき存在だ。七種のムスクが絶妙に混じり合い、シナモンリーフ、サンダルウッド、グアヤックウッド、シダーウッド、ベチバーの調和のなかにおさまっていくという類を見ない香りだった。さらに二〇〇六年の「ロー・ド・レグリス」、二〇一一年の東洋的な「ユズ・マン」もリチャードの作品だった。

ブゾンのキャロン本社にある調香台の前で、リチャード・フレイスは香りの詩人となる。「キャロンの女性向け製品には、ほとんどすべてローズとジャスミンがふくまれている。それ自体は悪いことではない。わたしはそこに自分の好きな成分をくわえるのが好きだ。さまざまな表情を見せるあのオレンジフラワーのネロリとか」。のびのびと香りの創造ができている、という。「キャロンでは、マーケティングや予算といったことに縛られず、創造性を思う存分発揮できる。ローズやジャスミンのアブソリュートのようなめずらしい天然成分もふんだんに使うことができ、高級香料の長い伝統を受け継いでいる」。モットーはなにかと聞くと、リチャードは「一にも二にも夢、つねに夢」と答えた。

過去のフレグランスを存続させながら、リチャードはキャロン精神を継承しなければならない。二〇一四年、彼はプール・アン・オムの八〇周年祝いの創作をする栄に浴した。処方は変えないが、最高に華やかなラヴェンダーと最高に上品なヴァニラを選んで純化した。ベースノートのアンバーとムスクは残香性が強くなった。栓にグレーのサメ皮を貼ったバカラのクリスタルボトルは銀板にはめられ、限定版として三〇〇組作られ、なんと二五〇〇ユーロだった。しかしもっとすごいのは、プール・アン・オムは年間四〇万本も生産されていることだ。ベストセラーというよりは、男の浴室の古典というべき地位をしめている。その香りは男性用香水のなかでも最高のサラブレッドでありつづける。

才ある女性とともに歩んだ創業者ダルトロフ兄弟からアレスグループにいたるまで、香水と白粉のキャロンは、伝統と冒険心をかねそなえたブランド精神を維持することができた。今日なお、手先の器用な職人たちが、ボトルをしっかり密封するため、羊の皮の薄膜と金の糸をネック部分に貼っている。白粉は細かく砕かれ、篩《ふるい》にかけられ、薄く着色され、金色の水玉模様のあの丸い箱に手作業でつめられる。

キャロン、それは長きにわたってエレガンスを表現しつづけた、時を超えた香水メーカーの歴史である。世界中に熱烈なファンをもつ、個性あるメゾンなのだ。

第7章　エルザ・スキャパレリのショッキング

マリー・クレール誌が創刊され、エルメスのオーナー、ロベール・デュマがボードゲームに想をえて、初めてシルクのカレ（正方形のスカーフ）「オムニバスゲームと白い貴婦人」を発表し、クリストバル・バレンシアガがパリに移り住んだ一九三七年、エルザ・スキャパレリは初めて香水を手がけることにした。それが「ショッキング」だった。スキャパレリはヴァンドーム広場二一番地に店を構えていたが、小さなラボラトリーを設けたのはパリ郊外のボワ＝コロンブだった。その頃の口癖だった「現代生活の激しいリズム」に合うような香水をそこで創ろうとした。

それにしてもこの個性的なエルザ・スキャパレリとはいったい誰なのか。ココ・シャネルの強敵となるスキャパレリは一八九〇年、ローマのパラッツォ・コルシーニに生まれた。母親のマリア＝ルイザはナポリの貴族出身で、父セレスティノ・スキャパレリは中世の古文書やサンスクリット語を専門とするローマ大学教授だった。エルザの伯父ジョヴァンニ・スキャパレリは天文学者で、彼女はこの伯父のそばで何時間でも星座の勉強をした。エルザは子どもの時から目だちたがり屋だった。傘を広げて窓から舞い降りようとしたり、耳や鼻の穴や頭のてっぺんに花を咲かせることはできないものかとあれこれ工夫したりした。その結果窒息死しそうになったが、後年「ショッキング」のボトルを創ったとき、この思い出が蘇った。

エルザは小さな団子鼻で美人ではなかったが、きれいな黒い髪と瞳のもち主だった。つねに反抗的で、十代のときにきわめて官能的で挑発的な詩を書いた。両親はショックを受け、娘をスイスの寄宿学校に送りこみ、まともな道にもどそうとしたが、彼女はまもなく退学となった。牢獄のような学校から一刻も早くぬけ出そうと、ハンガーストライキという手段に出たからである！

その後エルザはナポリ大学で哲学を学んだ。貧乏なナポリの美青年と恋におちたが、両親は気に入らなかった。彼と別れるよう説得され、旅でもしてみればいいといわれた。エルザは二二歳でロンドンへ行く決心をし、ベビーシッターになることにした。

エルザは英国に向かう折に寄ったパリで、舞踏会に招かれた。イヴニングドレスをもっていなかったので、彼女はマリンブルーの生地を自分で買い、ゆったりと身にまとってピンでとめただけの姿で現れ、人々を驚かせた。ロンドンでは美術館を見学したり芸術にかんする学会に参加したりしてゆっくりすごした。そこで彼女は未来の夫となるフランス系スイス人の神智学者ウィリアム・ド・ウェント・ド・ケルロル伯爵と出会った。今度は両親の許しがえられ、多額の持参金をもって一九一四年に結婚した。

二人はロンドン、そしてフランスに住んだ。ウィリアムがスイス人だったので、戦争の影響はなかった。エルザの持参金は日なたの雪のごとく消えていったが、二人は幸福だった。新世界に惹かれた二人はニューヨークに移り住んだ。しかしエルザがすぐに町にとけこんだのに対し、夫はあまりなじめず、一九一九年には妻子をすてて出ていった。そのときには生まれていた娘のイヴォンヌは、「ゴーゴー」というあだ名がついた。彼女が最初に口にした言葉だったのだ！　ゴーゴーはその後、女優マリサ・ベレンスンの母親となる。離婚して娘と二人、ニューヨークに残ったエルザ・スキャパレリは、ダダイスト画家フランシス・ピカビアの妻だったガブリエル・ピカビアとよく会っていた。エルザがガブリエルと出会ったのはアメリカ行きの船の上だった。ガブリエルは自分の店をもち、パリの最新流行の製品をニューヨーカーに売っており、エルザは手伝いを申し出た。ガブリエルとエルザはマルセル・デュシャンやマン・レイとつきあった。一九二二年、マン・レイとピカビア家がパリに帰ることにしたとき、「スキャップ」と仲間からよばれていたエルザも一緒に帰国の途についた。

三二歳のエルザ・スキャパレリは一文無しで幼い娘をつれ、パリに着いた。幸いにも彼女は良き友人に恵まれていた。ガブリエル・ピカビアはたまり場の「ブフ・シュ・ル・トワ」のダダイストや芸術家たちに彼女を引きあわせてくれた。エルザは時代の空気を吸い、デッサンの勉強をし、既製服製造店にスティリスト（既製服デザイナー）として雇われた。アパルトマンの管理人のアルメニア人は編み物の名人だったが、偶然にもエルザはセーターの担当になった。シャネルと同じように、エルザは裁縫もデッサンもそれほど得意ではなかった。しかしこのアルメニア人女性の協力をえて、エルザは独創的なニット製品をつくった。白いネクタイのだまし絵を編んだ黒いセーターはとくに好評で、彼女が世に出るきっかけとなった。

当時はギャルソンヌ（少年のような女性）と解放された女性がもてはやされた。デザインにシュルレアリストの友人たちの影響がみられるエルザのニットはセンセーションを起し、アメリカで飛ぶように売れた。エルザは、ジャン・コクトーやサルバドール・ダリの絵が刺繍された、縫い目がない服をつくった。ダリはエルザと一緒に有名な「ローブオマール」（オマールエビが大きく描かれたドレス）をデザインした。ジャケットにつける肩パッドを考案し、ファッション界で初めてファスナーを飾りとして使い、反響をよんだ。一九三五年ヴァンドーム広場二一番地に開いたスキャパレリのメゾンには客がひきもきらずつめかけた。エルザはある豪邸の一階を使っていたが、とうとう六階分をしめるようになった。その百ある部屋でやっとたりるくらいで、エルザはアール・デコ時代を代表する装飾家ジャン＝ミシェル・フランクとジャコメッティに装飾を頼んだ。ここで初めてファッションショーが開かれた。いずれもこれでもかというくらい型破りなショーで、一九三八年夏のコレクションの時は道化師のグロックとフラテリーニ、服を着せた犬やサルまで登場しての「サーカス」なるショーだった。

これほどの創造性がありながら、エルザ・スキャパレリは財政難におちいった。別の資金源をつくる必要があった。となると香水だった。アメリカで大あたりしたあのNo.5をはじめとして、ライバルのシャネルがすでにいくつか成功させているとなればなおさらだった。スキャパレリの香水、しかも「帽子屋」（シャネル）などに負けない画期的なものでなければならないのだ。

スキャパレリはすでに一九二八年、ユリとヒヤシンスをベースにした「S」という最初の香水を発表していた。一九三四年には「スーシ」、「サリュ」、「スキャップ」と、三つの香水がつぎつぎと誕生した。「スーシ」はオレンジフラワー、ハニー、スパイスの香調をもつフローラルシプレで、ほのかでひかえ目といっていい香りだった。対照的に「サリュ」はゼラニウム、ユリ、ジャスミン、チュベローズ、イランイランの香調をもち、思わずうっとりする香りだった。ボトルをジャン＝ミシェル・フランクがデザインした「スキャップ」はベチバーの香調のきいた濃厚でつんとする香りだった。ヴァンドーム広場のこの新たな香水部門オープンにさいし、販売促進のため、フランクが巨大な金色の鳥かごに大きなスプレー型ボトルを入れて展示するアイディアを出した。訪れる客たちは通りがかりにシュッとひと吹きして香りをまとった。スカートをあげてふりかける客もいた。

しかし今度こそエルザは本腰を入れた。彼女は香水を創っただけではなく、パリ郊外のボワ＝コロンブに工場を設置し、一九三七年に香水会社を創立した。

エルザは「ショッキング」が「現代生活の激しいリズム」に合うように祈った。常識をくつがえす象徴的な香りが世界中に広まるようにと、彼女はグラースのルール社に創作を依頼した。ジャン・カールとベルトラン・デュポンがこの任にあたった。

「ショッキング」はエルザ・スキャパレリの口癖だった。ペルヴィアン・ローズにインスピレーションをえたピンク色を売りこんだのも彼女だった。ポール・ポワレはこれを「ショッキング・ピンク」とよんだ。香水の名前もこれまでと同じようにSで始まらなければならなかった。ゆえに新製品の名前は「ショッキング」で決まりだった！　なおさらこの名称にふさわしい香りが必要だった。カールとデュポンは試行錯誤と侃々諤々《かんかんがくがく》の論議をくりかえし、ようやくエルザの思いどおりの香りが仕上がった。

ベルガモット、エストラゴン、ラズベリー、アルデヒドに始まり、ハニー、カーネーション、スイセン、オリエンタルローズからなるフローラル系ミドルノートへと続く。パウダリーなベースノートにはシベット、ベチバー、ヴァニラ、パチュリを組み合わせた。最初はシトラス系から入り、ハニーのニュアンスをおびた爽やかなローズをへてパチュリに包まれていく。やや挑発的な残り香の、きわめて女らしい香りで、びっくりするほどもちがよかった。

最高の香りにくわえ、「ショッキング」の名にふさわしいボトルも必要だった。エルザ・スキャパレリがボトルのデザインを頼んだのは、画家のレオノール・フィニだった。フィニは、スキャパレリの顧客だった女優、メイ・ウエストの豊満なシルエットをもとに、マネキン人形の型をつくった。マネキンには、クチュリエが使う金色のメートル尺が首からかけられ、胸元でV字型、さらにウエストで交差し、Sと書かれたラベルで留められていた。栓についたガラス製の青、赤、白の小さなバラの花束は、エルザの少女時代の夢を思い出させた。自分のことを不器量だと思っていたエルザは、自分の顔を庭に改造しようと空想し、鼻や耳の穴に色とりどりの花の種をまいた。もちろん芽が出ることなどなく、エルザはもう少しで窒息死するところだった。

ボトルはショッキングピンクの台座にすえられ、華やかな白いレースで縁どられた丸いガラスケースにはめ込まれていた。結婚式の時のオレンジフラワーの冠をおさめた、昔の「花嫁のガラスケース」のようだった。ガラスケースに入ったボトルはさらにピンクの厚い紙箱におさめられた。こうした豪華版でない場合はガラスケースなしだが、やはりショッキングピンクの箱に入っていた。

ショッキングは発売早々世界中に広まった。まずアメリカで人気が出た。グレタ・ガルボとキャサリン・ヘップバーンは、すでにスキャパレリの服を着ていた。パジャマ、ウエストをしぼったコート、キュロットスカート、肩パッドの入ったテーラードスーツは彼女たちの長身によく似合った。後にクローデット・コルベール、マール・オベロン、ジーン・ティアニー、ローレン・バコールも、神秘的な「ショッキング」とともにスキャパレリを着るようになった。エルザ・スキャパレリは回想録で、画家で装飾家のクリスチャン・ベラールのことを、「髭にあの香水をふりかけるものだから、破れたワイシャツや腕にだいいた仔犬の上にまでこぼれていた」とふり返っている。

エロティックな絵で有名だった画家、版画家、装飾家マルセル・ヴェルテスは、思わせぶりなキャンペーン広告を考えた。色鮮やかな美しいイラストには、裸の娘たち、妖しくからみあう男女、「ショッキング」のボトルにまたがる騎手まで描かれていた！

この香水はまたたくまに世界を席巻してエルザ・スキャパレリは大儲けし、ココ・シャネルとシャネルNo.5をおびやかした。一九三八年にはニューヨークにパルファン・スキャパレリのアメリカ支部を設置した。ロックフェラーセンターのその拠点はジャン＝ミシェル・フランクがインテリアを担当した。

この年、エルザ・スキャパレリは新しく「スリーピング」という香水を創った。そうそくの形をしたガラスのボトルにターコイズブルーの円錐形カバーがすっぽりかぶさるようになっており、さらに、ターコイズブルーと金の箱におさめられていた。箱のデザインはアルルカン（道化役）の衣装のようでもあり、一九三九年のコレクション、「コメディアデッラルテ」の予告となった。マルセル・ヴェルテスが売り込みのために考えたうたい文句によると、「スリーピング」は「潜在意識に光をあて、陶酔への道をひらく」ためベッドに入る前につける夜の香水だという。

翌年、スキャパレリから初めての男性用香水「スナッフ」が誕生した。フルーティグリーンノートのシプレ系で、ベルガモット、ラヴェンダー、ベチバー、カーネーション、ジャスミン、ゼラニウム、サンダルウッド、マツ、オークモス、ミルラ（没薬）、レザーが組み合わせられていた。パイプの形のボトルは金色の台座に載っていた。男たちが戦地へ向かっているというのに男性用香水を創るなど、おかしな時代だった！

一九四〇年、パリの生活はかつての華やかさを失い、戦争が重圧となり、エルザはニューヨークにもどる決心をした。パリを去るとき、彼女は象徴的なことをした。ショッキングのボトルを一羽の鳥とともに籠に入れ、「ショッキングは希望を歌いあげる」と書いたものをつけたのである。ヴァンドーム広場では、店長のベッティーナ・ジョーンズが店を切り盛りしつづけた。一九四五年、大戦終結とともにエルザがパリに帰ると、アメリカ兵たちがヴァンドーム広場に列をなし、恋人へのお土産にショッキングを買い求めていた。

とはいえ昔の活気をとりもどす必要があった。「エル」誌は一九四五年一一月二一日の創刊号の表紙にスキャパレリの作品を載せた。当時のトップモデル、ヨランデ・ブロワンが見事なトラ猫を抱き、スキャパレリと書かれた赤いジャケットを着て写っている。だが栄光の蘇りは二年しか続かなかった。一九四七年にはクリスチャン・ディオールとそのニュールックとよばれるスタイルが一大旋風をまきおこした。エルザ・スキャパレリは一九五二年と一九五三年のコレクションで巻き返しをはかったが、たちうちできなかった。

幸いなことに香水があった。ショッキングはあいかわらず人気があったが、一九四六年、エルザは「ロワ・ソレイユ」を発表した。ボトルと広告のデザインはサルバドール・ダリが担当した。キャップは太陽を表し、夢見るような顔が描かれており、ボトルは岩の形だった。キラキラ輝く熱をもった香水だった。

香水部門はまだまだ景気が良かった。一九四八年、「ショッキング」の人気に便乗して（「チェッ」という意味の）「ズュット」が売り出された。名前がますますまともでなくなったと当時はいわれた。インセンス（香《こう》）、ムスク、ヴァニラの感触をもつグリーンフローラル系ミドルノートにドライフルーツの香りがまじっている。ミスタンゲットの脚をモデルにデザインしたボトルだった。細くくびれた腰、丸いヒップ、細い脚が緑とモーヴ色の箱におさまった。今回もやはりマルセル・ヴェルテスが広告をデザインした。エルザ・スキャパレリはニュールックに対する腹いせに新作を「ズュット」と名づけたのではないかと噂された。

一九五二年、スキャパレリが手がけた最後の香水が出た。「シュクセ・フ」である。レイモン・ペイネはおなじみの恋人たちの絵でその広告をデザインした。ボトルはツタの葉の形で、ハート型の箱に入っていた。ウッディでスパイシー、フローラルな香りだった。

二年後、エルザ・スキャパレリは注文服店を閉め、自伝『ショッキング・ライフ』を書くことにした。運命の皮肉か、まさにその年、宿命のライバル、シャネルが七一歳にしてカンボン通りで復活を果たした。とはいえパルファン・スキャパレリ社は営業をつづけた。

エルザはベリ通りの豪邸にこもり、パリとハンマメット（チュニジア）の別荘のどちらかにいた。孫の女優マリサ・ベレンスンはこの頃のエルザのようすを覚えている。「夜、私が降りていくと、祖母はヒョウの毛皮のソファに座っていた。チャイナドレスを着て宝石をいっぱい身につけた祖母は、古い辞典をつみ上げ、その上にテレビを載せて見ていた」。一九四七年にスキャパレリのメゾンに入ったユベール・ド・ジバンシーは、「彼女がどういう人だったか語ろうとするときにいつも浮かぶのはシックという言葉だ。彼女はシックだった」と述べている。

エルザ・スキャパレリは一九七三年に亡くなった。彼女の名前は大胆さ、エレガンス、傲慢さの同意語として後世残るだろう。「ショッキング」をヒントに自身の女性用香水のボトルをデザインしたジャン＝ポール・ゴルティエをはじめとして、彼女は多くのクリエイターに影響をあたえた。ソニア・リキエルはこう語る。「型破りなクリエイターだった。皮肉とユーモアに満ち、さほど美しくないが個性のある女性たちを魅力的にする術を心得ていた。シャネルがユニセックスを好んだのに対し、スキャパレリは貴族志向だった。キュビズム、シュールレアリスム、ダダイズム、刺繍、絵つけ、インターシャ編み［象眼細工のようなはめこみ模様をつくる柄編み］を巧みにデザインにとりいれた。色彩感覚もすぐれていた。挑発的で洗練され、どこまでもエキセントリックだった。大した人だ」

［「フィガロ」、二〇〇四年三月一八日号］

スキャパレリのメゾンはディエゴ・デッラ・ヴァッレが、二〇一二年五月、ヴァンドーム広場二一番地に最高級の装いで再開した。ファリダ・ケルファがメゾンの新しいミューズとなった。マルコ・ザニーニが暫定的にクリエイティブ・ディレクターをつとめ、二〇一五年にベルトラン・ギュイヨンに引き継いだ。ギュイヨンのコレクションは熱狂的な支持をえた。スキャパレリは豪華に美しく復活したが、メゾンの伝説的な香水はほとんど廃版となった。

一九七〇年、「ショッキング」はマネキン型のボトルでふたたび登場し、自称「香水学教授」ロジャ・ダヴがこの香水を甦らせ、ロンドンのハロッズに出している自分の店「オート・パルフュムリー」で限定品として売り出した。しかし昔のショッキングを知っている人々は、エルザ・スキャパレリのために創られた香りの二番煎じとしか思えないと言った。いまだに掘り出し物のヴィンテージ・ボトルに出会うことがある。そうすればうっとりするような官能的な残り香を楽しむことができるのだ。

第8章　ロシャスのファム

マルセル・ロシャスは、人の心をつかむのがうまかった。一九四四年、当時もっともエレガントだった女性たちに個人的な手紙を送った。彼に選ばれたひとにぎりの女性の中には、ウィンザー公爵夫人、アルレッティ、ミッシェル・モルガン、エドウィジュ・フォイエールたちがいた。最新作の香りを、黒いシャンティイ・レースをまとわせたラリックのクリスタルボトルにつめて、番号つきの限定豪華版として彼女たちに提供した。この最初の頒布品は数百個のみだった。それが功を奏した！　翌年、一般販売された時には、ファッション界の香水の歴史において語り草となるほどの反響があった。やわらかな丸みをおびた一般向けのボトルは、ぽっちゃりタイプのメイ・ウェストの魅惑的なボディラインをかたどっていた。ロシャスの若い妻エレーヌに捧げられた「ファム」は、ホットで官能的なフルーティシプレ系の香りで、エドモン・ルドニツカの初めての作品でもあり、彼はこの香りによって一躍有名になった。

成功はファムだけにとどまらなかった。軽めの印象の「ムスリーヌ」はやさしさの象徴だった。より大胆で官能的でアグレッシブな「ムーシュ」は、パリジェンヌが高価な毛皮と合わせるために求めた。ついで登場した「ローズ」は花の女王の名に恥じぬできばえだった。さらに「ムスタシュ」は、もともとは男性用だったが、女性からも熱い視線をそそがれたので、この年、女性の化粧台に置けるような新しいボトルを創らねばならなかった。

ファッション史から見ると、マルセル・ロシャスは、才能と革新性と独創性をかねそなえたクリエイターの系譜を継ぐ。ロシャスの香水は魅力あるものを生む仕事の完成形だった。

マルセル・ロシャスは、一九〇二年二月二四日に生まれた。父親は宝石商だった。同じファーストネームをもつ劇作家アシャール、作家エメ、映画監督カルネ、美術家デュシャン、作家パニョルらと同じように、当時流行したこの名前をロシャスもつけられた。ロシャス家の跡継ぎとなるマルセルが生まれ、父アルフォンス・ロシャスと母ジャンヌ・ダモットは喜んだ。

おかしなことに、ロシャスは早くから服飾の世界にアレルギー反応を示した。「母親につれられて生地屋に行ったり、仕立屋で母や姉の仮縫いにつきあわされたりすると、我慢できずに泣き叫んだり、地団駄踏んだりしてなにもかもぶち壊しにしていたのを覚えている。腹いせに、たまたまはさみが手元にあったとき、わたしは目に入るものを手あたりしだいに切ってしまった」と述べている。

一九一二年、傷んだ牡蠣を食べたのがもとで、父アルフォンスは腸チフスにかかって死んだ。マルセルは否応なしに家長の役割をになうはめになった。一〇歳にして母親と二人の姉妹という三人の女たちを背負うことになった。生来そなわっていた責任感から、マルセルはこの当然の重荷を引き受けざるをえなかった。

マルセルはバカロレアを手にし、弁護士になろうと法学部に入学した。学費をかせぐため、彼は繊維メーカーで営業職として雇われた。そこできれいな娘と出会ったのは当然のなりゆきだった。イヴォンヌ・クタンソーは競売吏の娘だった。この出会いはロシャスの性分をよく表している。彼はちょっと変わり者でせっかち、エネルギッシュで若さに満ちあふれていた。イヴォンヌはしっかりしていて、ロシャスの創造の才をすぐに見ぬいた。もはやそれで決まったようなもの、ロシャスはさっさと法服に袖を通すことをあきらめ、別の服を創る道を選んだ…。結婚式は一九二四年四月七日に決まった。クチュリエの卵ロシャスは、ブロンド娘イヴォンヌがまとう衣装に早速とりかかった。

一九二五年、マルセル・ロシャスは天の恵みというよりは一人の女性の恵みによってクチュリエとなった。フォーブール・サン＝トノレ通り一〇〇番地、ボーヴォー広場の角に「マルセル・ロシャス」の看板を掲げて店を開いた。念入りに選んだ高級感あるアドレスだった。

最初、マルセルとイヴォンヌは二人三脚で顧客に服を売った。初めてのファッションショーのためにモデルを貸してくれたポール・ポワレだけでなく、パリのそうそうたる芸術家たちにも励まされた。クリスチャン・ベラール、ジャン・コクトー、コレット、ルイーズ・ド・ヴィルモランをはじめとして、時がたつにつれ、王侯貴族や大富豪の子弟はもちろん、芸術家、音楽家、画家、作家、ダンサーたちが大勢くわわって応援した。アナベッラ、シモーヌ・シモン、ギャビー・シルヴィア、エドウィジュ・フォイエール、シュジー・ドレール、ギャビー・モルレー、マドレーヌ・ソローニュ（のちにジャン・ドラノワ監督の映画「悲恋」で彼女のドレスをデザインすることになる）といった若手女優たちも、新鋭のクチュリエ、ロシャスに関心をよせた。

「エレガントで洗練された女性のクチュリエ」として名をあげたマルセル・ロシャスは、パリのファッション界でもっと華々しい方向をさぐりはじめた。二三歳の彼は輝かしい若さを誇るクチュリエになるだろう！　彼はなにも恐れず、時代との歩調の合わせ方を知っていた。一九二八年、ロシャスは「シンプリシティと若さ」をスローガンとし、さらに「若さ、シンプリシティ、個性」、二年後には「若さ」あるいはそれを強調した「つねにより若く」とした。こうしたスローガンの念入りなアピールは彼のデザインと言語のセンスの反映だった。デザインと言語を駆使した女性誌の広告キャンペーンによって彼のイメージが徐々に形成されていった。娘のソフィーが語るように、「社交界のネットワークにせよ出版物にせよ、情報伝達がどれほど重要かを父はいち早く理解した。若さを強調しながら、父は女たちに気に入られ、女たちの欲望の先を行き、女たちはその後を追っていった」［ソフィー・ロシャス『マルセル・ロシャス——大胆さとエレガンス』フラマリオン社、二〇一五年］

マルセル・ロシャスはイヴォンヌとともに服をデザインし、完璧なカッティング、シンプルな色、男女を問わないラインのヴァリエーションを実現した。彼の念頭にあったのは若く活動的でエレガントなパリジェンヌだった。午前中の着用やスポーツ用に、ロシャスは選び抜いた色合いのジャージーやニットのアンサンブルを創った。シンプルなスカートは後ろにしわひとつ寄らず（ドライブの後、スカートがくしゃくしゃになっているなどとんでもない！）、フレアー型の前の部分にはひだをたっ

郵便はがき

料金受取人払郵便

新宿局承認

5338

差出有効期限
平成31年9月
30日まで

切手をはら
ずにお出し
下さい

1 6 0 - 8 7 9 1

3 4 3

（受取人）
東京都新宿区
新宿一－二五－一三

原書房
読者係 行

1 6 0 8 7 9 1 3 4 3 7

図書注文書（当社刊行物のご注文にご利用下さい）

書名	本体価格	申込数
		部
		部
		部

お名前　　注文日　年　月　日

ご連絡先電話番号（必ずご記入ください）
□自宅　（　　）
□勤務先　（　　）

ご指定書店（地区　　）（お買つけの書店名をご記入下さい）

書店名　　書店（　　店）

帳合

5490
フランス香水伝説物語

愛読者カード　アンヌ・ダヴィス／ベルトラン・メヤ=スタブレ 著

＊より良い出版の参考のために、以下のアンケートにご協力をお願いします。＊但し、今後あなたの個人情報（住所・氏名・電話・メールなど）を使って、原書房のご案内などを送って欲しくないという方は、右の□に×印を付けてください。　□

お名前《フリガナ》　男・女（　　歳）

ご住所　〒　　－

市　町
郡　村
TEL　（　　）
e-mail　＠

ご職業　1 会社員　2 自営業　3 公務員　4 教育関係
5 学生　6 主婦　7 その他（　　）

お買い求めのポイント
1 テーマに興味があった　2 内容がおもしろそうだった
3 タイトル　4 表紙デザイン　5 著者　6 帯の文句
7 広告を見て（新聞名・雑誌名　　）
8 書評を読んで（新聞名・雑誌名　　）
9 その他（　　）

お好きな本のジャンル
1 ミステリー・エンターテインメント
2 その他の小説・エッセイ　3 ノンフィクション
4 人文・歴史　その他（5 天声人語　6 軍事　7　　）

ご購読新聞雑誌

本書への感想、また読んでみたい作家、テーマなどございましたらお聞かせください。

ぷりとっていた。アンゴラ、羊毛、カシミアなどあらゆるニットのセーターは、ボーダー柄で色がグラデーションになっていた。テーラードスーツの原型となる、魅力的でエレガントなアンサンブルによって、ロシャスは有名になった。ギャルソンヌの中性的なシルエットとは若干異なるものだった。凝った色合いのセーターの下に合わせた、胸飾りとひだのついた明るい色の「少女らしい」ブラウスには、小さめの丸い襟や角のとがった襟や大きくあいた襟がついていた。これらは柔和と洗練を感じさせた。その魅力といったらなかった。

一九二九年、イヴォンヌとマルセル・ロシャスは離婚した。二人のあいだには創作した衣装という子どもしかいなかった。それぞれ同じ年に再婚し、ロシャスはリナ・ロッセリと結ばれ、生活とともに住所もまもなく変えた。一九三三年、マルセル・ロシャスは店をマティニョン通り一二番地にうつした。ロシャスは地下を借り、店は二階、三階、八階で営業した。

この時代、魅力的なクチュリエが一人いるとしたら、それは彼だった。一九二五年から一九五五年にかけての三〇年間、ロシャスはなにが「うまくいく」かをすべて察知していた。すべてがロシャスから生まれた。首元を広く開けるよう工夫した肩まわり、動きやすいようにゆったりさせた薄手の袖、背をすらりと見せる襟ぐりの深い切りこみ、ヒップラインをきれいに、お腹は平らに、足は長く見えるように細くしたウエスト。

タータンチェック、ゲピエール（ウエストをしめる下着）、（毛皮を裏地にした）カナディエンヌ・ジャケット、視覚的なキネティック・アート（動くように見える美術作品）の先がけとなるような、モノトーンに凝るグラフィックデザイナーのプリント生地…それらはロシャスから始まった。ウールのようなシルク、シルクのようなウールの生地、混紡も彼のアイディアだった。ジーンズの原型となるスラックス、ショールなどもクリエイティブで自由自在なマルセル・ロシャスが創った。「わたしはファッションデザインにおいてユニークな存在だ…わたしはパトロン、ディレクター、クリエイターの三役をこなしており、女性を愛する…」とマルセル・ロシャスは言った。

このマルチ人間の午前中の創作風景は一見の価値があった。「スタジオ」はマリンブルーの家具を置いたグレーの広い部屋である。壁にはいくつも棚があり、冬のコレクション用の瑠璃色、オレンジ、スモーキーグレー、メタリックグレーなど、長い反物の生地がところせましとつきだしていた。ほかにも長い反物が、あちこちに立てたり寝かしたり重ねたり傾けたり、さまざまな形で置かれていた。かたすみには色見本の束があった。頭部のないマネキンは指先までとどく黒いベルトをつけている。左側の床には三通りにわけられた一ダースのニットウェアがならんでいた。シャンパン色のジャケットにライトブルーのズボンをはき、ちょっと日焼けしていて東洋風のふっくらした卵型の顔のマルセル・ロシャスは立ったまま、秘書が差し出す大きな色見本帳をめくっていた。足元には黒い「クロッケ（ふくれ織り）」が円を描くように渦まいていた。彼はその生地でドレスを作ろうとしており、目下、コートとしてそれに合わせる生地を探しているのだった。彼は伸ばした指で、やわらかい緑や、辛子色の見本をとんとんとたたき、また考えこみながら黒の見本をなぞる。「これだ、これがシックだ！…」。マルセル・ロシャスは三分ごとに見本帳を床に投げ出す。やはりまだ黒のクロッケに合わせる生地を決めかねていた。この男は猫のように気まぐれなのだ。

マダム・ガブリエルが、モデルとともにある生地の試着に最初に来たとき、ロシャスはじっくり眺めた。「ガブリエル、わたしはゆったりしたコートにしたいと思いますが、ひだをとるのにはもう飽き飽きしています。しっかり全体をつつむゆとりがほしい…」「ではムッシュー・ロシャス、なかに生地を入れてかちっとさせましょうか?」「そうですね!」「ちょっとポケットの位置が高いのではありませんか、ムッシュー・ロシャス?」「ななめにしてください、まっすぐなポケットはもうつまらない」とロシャスは指示した。彼はモデルの腰になにかを描くように親指でなぞった。「ほら、ブレード（テープ状の縁飾り）をつけて素敵なポケットにしてください」「ブレードですか、組みひもですか、ムッシュー・ロシャス」。ロシャスはかがんで淡い栗色のニットをひろった。「そこに組みひも? ノン!」。男らしく落ち着いて決断し、めったに迷わなかった。

ロシャスはたびたび大胆なことをやってのけ、変わり者と見られがちだったが、時計のような正確さ、抜群の幾何学的センス、巧みな色使いはそれを補ってあまりあるものだった。一九三一年、シャネルの黒の時代、パトゥのマリンブルーとは対照的に、色彩豊かな鳥と花のプリント生地をロシャスは採用した。

一九三六年、ロシャスは洗練された色彩に未来を見出した。当時の緑や青に、鮮やかなピンクや明るい黄色をくわえ、尊敬してやまない画家たちの色相にならって色使いを展開した。娘のソフィーは、時代とスタイルを超えて、プリント地やモチーフの中にはマルセル・ロシャスの影響が色濃く見られるものがある、と述べている。自分のプリント地をオーソドックスに使ったときでさえ、遊び心や新鮮さは失われず、顧客の期待にこたえた。

マルセル・ロシャスの美的センスは、一九三六年に初めて出した「オーダス」「エール・ジュヌ」

「アヴニュー・マティニョン」という三つの香水にも表れていた。ロシャス・ブルーのリボンで飾った白い不透明ガラスの長方形ボトルに、そろいのリップスティックもあった。今は、シャネルNo.５の無駄のない形を思わせる、さまざまな大きさの無色ガラスボトルのシリーズしか残っていない。ＭＲのモノグラムが彫られた長方形のキャップは現代的な形だった。この三部作は戦争によって寿命が短くなり、これらの香りを創った調香師の名前もろとも、エッセンスも消滅した。ロシャスは八年間たえしのんだ後、「世界一の香水」といわれた「ファム」を誕生させた。この長い日々、彼は手袋、宝石、バッグ、ベルトといった「フリヴォリテ」とよぶ小物類や帽子と並行して、香水の試作をかさねた。

まもなく、新しい女性がロシャスの前に現れ、メゾンの最高のミューズとなる。クレオパトラの鼻の形が世界の歴史を変えたように、もしエレーヌの帽子がめだたないものだったら、二〇世紀最高のロマンスはちがったものになっていただろう。ちょっとした偶然がなければ、ブレザーと戦前の男物の帽子というでたちでサンジェルマン大通りを堂々と闊歩する娘が、ロシャスのミューズとなるとはだれも思わなかっただろう。「わたしはとても素敵な帽子を作っているのですが…」。マルセル・ロシャスはこういって、当時一八歳になるかならぬかの初々しいエレーヌに初めて声をかけた。この戦時下に、人見知りのはねっかえり娘は本をかかえてメトロの終電を待っていた。そんな風に男に話しかけられて少しむっとしたエレーヌは、わたしはドレスの方がいいです、と答えた。なんということのない会話だったが、運命が用意した出会いのようにロマンティックだった。そのときマルセル・ロシャスは四〇歳、相手がどんな美女であろうと手を出せた。彼は即座に一目ぼれの彼女の電話番号を聞いた。「しばらくすると彼は『あなたと結婚して子どもを二人作りたい』と言った。すべてが彼の思いどおりになった」とエレーヌはため息まじりに語っている。結婚の記念に、ロシャスは初めての香り、ファムを彼女に贈った。

まだ戦争中でドイツの占領は続いていた。ロシャスはあることで悶々としていた。香水だった。未来は香水とともにある。どうしても香水を作らねばならない。これからの女性は有名なクチュリエのところでドレスを買わなくなるかもしれないが、香水は買いつづけるだろう。

その頃、シャンパーニュ地方エペルネー出身のアルベール・ゴッセも同じ確信をいだいていた。ゴッセ一族はシャンパン醸造業を営んでいたが、大家族の末っ子アルベールは香水製造業につこうと考えた。彼は異業種のハードルを軽々ととびこえた。ボルドーやブルゴーニュと異なり、シャンパンは香水と同じようにブレンドが肝心だからだろうか。ゴッセは調香師エドモン・ルドニツカから買ったある処方をもっており、その質には自信があった。一九四四年末、ゴッセはピゲ、バレンシアガ、ロシャスら三人のクチュリエにその処方を提示しようとしていた。スイスの銀行家の息子ロベール・ピゲは即座に断ったが、バレンシアガとロシャスは考えさせてほしいと言った。

スペインのクチュリエの大物クリストバル・バレンシアガがまず脈のあるところを示した。ゴッセがロシャスにそのことを伝えると、ロシャスはあわててその場で提携の契約書にサインした。

マルセルとエレーヌのロシャス夫妻とアルベール・ゴッセの三人トリオがファムを発表したのは、パリが窮乏状態にあるときだった。ファムは豪華な装いをほどこされた。ボトルはラリック、箱は特注のレースで覆われていた。当時もっとも高価だったスキャパレリの「ショッキング」よりもっと高く売ることに決まった。

さらにみなの注目を集めるような思いがけない贈り物を用意しなければならない。一〇〇〇のボトルがパリ中の一〇〇〇人の女性に届けられた。そのうち一五〇人が喜んでその新しい香水を予約した。それは豪華本のように、作られる前から買われた。

専門家たちは好調なすべりだしと見た。たしかにそうだった。ゲランの「ミツコ」のようなフルーティシプレ系のファムはまたたくまに時代を象徴する香りとなった。「ミツコ」がデビューした一九一九年の女性たちは解放を求めていた。一九四五年の女性たちは、試練や責任のためにしばしばわきに追いやってきた女らしさをとりもどし、ひと息つこうとしていた。その名の通り、ファムは彼女たちに女らしさをもたらした。

ファムの製法はそれまでに確立された原則をくつがえし、黒いシャンティイ・レースの箱におさまったボトルは、完璧なアンフォラ（両耳付き壺）型で、アマルナの王女（紀元前一三五〇年頃）やメイ・ウェスト（シネマ時代元年）の魅惑的なボディラインを連想させた。化粧箱はエロティックな物語に出てくるご婦人の寝室のような雰囲気だった。

ファムはシプレアコードからなり、当時ほとんど使われていなかった新しい分子で構成されるプラムのフルーティノートを用いたところがとくに独創的だった。当時の文献によると、「悩ましい魅力と自信にあふれた女性を象徴するような、心に響く香調をもつ香水」だったという。それはなにより調香師エドモン・ルドニツカの傑作となった。構造は複雑で素晴らしくバランスがとれていた。プラムとピーチのフルーティノートがウッディシプレのドライアコードをやわらげ、ローズ、ジャスミン、アルデヒドのフローラルアコードがみずみずしさと広がりをあたえ、スパイス（クミン、シナモン、クローブ）が全体をあたたかくつつみこむ。

商才のあったマルセルは香水以外の関連「製品」もつぎつぎと展開した。口紅、パウダー、ストッキング、手帳、ショール、スエードやキッドにシャンティイのレース模様を型押しした手袋、ローンをレースに変えてつくったハンカチーフ、スカーフ、ハンドバッグなど…。これらの製品はマティニヨン通りに開いた店「パルファン・エ・フリヴォリテ（香水と小物）」にならべられた。

エレーヌ・ロシャスはかわいい二人の子どもを夫にあたえただけでなく、メゾンの顔となっていた。若い女の子特有の奇抜さをてらう年頃をすぎると、エレーヌは男っぽいシャツやジャケットをまったく着なくなった。マルセル・ロシャスは彼女にオーガンジーやモスリンをまとわせた。大人の男マルセルは、舞台女優を夢見ていた少女エレーヌを、あっというまにミューズに仕立て上げた。「わたしの最初の役割は、女性というオブジェに変身することだった。そのことは否定しないし、後悔もしていない。クチュリエは結婚すると、妻を前面に立てる。最初はそれが少しつらかった。毎日、午後になるとロシャスのメゾンに行って、彼のそばにいなければならなかった。ロシャスはとても前向きな人だった。彼はわたしの直感に信頼をおいていた。わたしが『あの人には気をつけて』というと、彼はいつも従った」

一九四九年に初めての男性用香水「ムスタシュ」を創ることに決めたとき、ロシャスは妻に頼った。彼はメゾンのクラシックなレース模様をボトルのデザインにすることにこだわったが、エレーヌはコーデュロイにしたらと助言した。コーデュロイの方が正解だった。ファムの色っぽさに対し、「ムスタシュ」は男らしい安定感とエレガンスでこたえた。この「ツンとくる香り」はモス（苔）や、希少な樹木やフルーツのエッセンスをおもなベースとして、精緻な調和がとれており、今回もやはりエドモン・ルドニツカが調香した。

また一方、エドモン・ルドニツカの手によって、ロシャスの二つのオー・フレッシュ（軽めの香り）と、三つの香水、「ムスリーヌ」（一九四六年）、「ムーシュ」（一九四八年）「ラローズ」（一九四八年）が誕生した。ファムの姉妹品、「ラローズ」はヒットした。エドモン・ルドニツカによれば、マルセル・ロシャスの集大成といえる香りだった。宣伝文句は「最高に美しい香り」、エドモン・ルドニツカにとっては「初の完成品」だった。「ラローズ」は極秘のうちに五年間の生みの苦しみをへて、類のない希少なハドレー・ローズから創りだされた。

エレーヌ・ロシャスは新製品の発表に注意を欠かさなかった。「彼はわたしにさまざまなことを教えた。夫のおかげでわたしは当時のあらゆる芸術家に会うことができた。こうした『教育』によって、わたしはどんなときも女性らしさを失わずにいられた」。一九五五年三月一四日、マルセル・ロシャスが急逝したとき、エレーヌは、グランドメゾンとなったロシャスをひきいるただ一人の女性となった。

茫然自失の期間がしばらく続いたあと、オブジェだった女エレーヌは殻を脱ぎすて、ふたたびメゾン・ロシャスの舵をとった。彼女は社長になった。「ビジネスウーマン」や「エクゼクティブウーマン」という言葉は当時なかった。男のようにふるまうことだけは優雅に避けていたが、エレーヌは存在感のある女性だった。開きなおるとまではいかないが、腹をくくったエレーヌ・ロシャスは自分の切り札を最大限に利用することにし、とうとう一九六〇年に「マダム・ロシャス」という新しい香りを世に出した。この香水の名前は長いあいだ考えあぐねた。「ファム」にまさるとまではいかなくても、少なくとも同じくらい良い名前、短くてインパクトがあり、ひとことですべてを言いつくすような名前がなかなか見つからなかった。みなはエレーヌに目を向けた。パリだけでなく全世界に及んでいる彼女の影響力と人気を利用しない手はない。不安はあったものの「マダム・ロシャス」が選ばれた。パリの有名な女性の名前が香水につけられたのは初めてだった。リゴーというブランドでは、第一次大戦前、ドビュッシーの「ペレアスとメリザンド」の初演でメリザンド役をつとめた歌手の名前をとって「メアリー・ガーデン」、そして「マルト・シュナル」という香水を出していたが、こうした女性たちはオペラ歌手であり、ブランドのオーナーではなかった。

しかしエレーヌは別のタイプの女性だった。さまざまな表情を見せるエレーヌは、ひとつの時代にしばられる女性ではなかった。キャッチコピーが大好きなアメリカでは彼女のことを「気どったヒョウ」と呼んだ。彼女にはヒョウの残忍さも気どった女性の滑稽さもなかったからである。エレーヌは型にはまった考え方に関心がなかった。「わたしは本気で仕事をはじめた。俳優が映画を売り込むように、わたしはこの香水のために世界中をまわった。香水に人間の顔をもたせることができたのは初めてのことだった。あの頃、メゾン・ロシャスはすでに名が通っていた。でも、それだけでは不十分だとわたしは感じていた。もはやオートクチュールはすたれていた。わたし自身のファッションをひっさげて旗ふり役とならなければいけなかった」。エレーヌはインスピレーションをあたえる側からときには大胆な広告塔への転身をはかった。

調香師ギ・ロベールの手による「マダム・ロシャス」は、やさしく朗らかなスイカズラが高く香るアルデヒドフローラルだった。個性の強いチュベローズがボディについて語り、ジャスミンが歌いあげ、イリスが軽妙に全体をやわらげる。ベースにはじょうぶで香りの強いシダーウッド、夢見るようなインセンス（香《こう》）、痕跡をしっかり残すために男だけが嗅ぎ分ける（といわれる）ムスクがひそんでいた。

一八世紀の工芸品からヒントをえたボトルは、ほっとなごむほど簡素でシンプルかつエレガントだったが、その繊細さは表面ではなく奥深くにたしかなものがひそんでいることを示していた。創造性豊かなエレーヌはこの香りに自分の印をつけた。上品さと良い趣味を昔ながらに守り、（大好きな）ホワイトフラワーが今を盛りと咲くような高揚感を秘密の花園のようにもちつづけている女性として。

一九五八年、エレーヌ・ロシャスに、演劇プロデューサーのアンドレ・ベルンハイムという新しい恋人ができた。しかし二人は一九六五年に別れた。彼女はますます社交生活に身を入れるようになり、全パリが彼女の前にひれふした。ランベール館でルデ男爵が催した東洋風の舞踏会で、彼女は見事なヴェールをかぶって現れた。ロトシルド家がフェリエール城で開いたプルースト記念舞踏会では、『失われた時を求めて』の登場人物であるスワンの恋人のオデット・ド・クレシーに扮し、胸元が大きく開いた黒いドレスに白いカトレアを差して登場した。翌年、マリー・エレーヌ・ド・ロトシルドがシュールレアリスティックな宴を開いたとき、エレーヌは蓄音機の形のおかしな帽子をかぶった。それでもやはり、このうえなくおしゃれだった！

まもなくエレーヌ・ロシャスは経済紙の一面をかざった。新聞がこぞってスクープしたのだ。「ア

リー・アントワネット裁判の核心に迫る名著！

マリー・アントワネットの最期の日々 ㊤㊦

エマニュエル・ド・ヴァレスケル／土居佳代子訳

なぜマリー・アントワネットは裁かれねばならなかったのか。膨大な史料を読み解いて、「裁かれた王妃」の歴史に、新たな光をあてる名著！「どう書くべきかを知っている素晴らしい歴史家」(フィガロ) いわれる著者の、最も豊かで、最も文学的な本。

四六判・各 2000 円（税別）（上）ISBN978-4-562-05477-0
（下）ISBN978-4-562-05478-7

壊の原因は多様で定義はおろか、法則も見つけられない。

帝国の最期の日々 ㊤㊦

パトリス・ゲニフェイ＆ティエリー・ランツ／鳥取絹子訳

時代も地域も異なれば、形も違っているアレクサンドロスの帝国から現代のアメリカまで、2500 年にわたる 20 の帝国の崩壊をまとめて取り上げた初の歴史書。

四六判・各 2200 円（税別）（上）ISBN978-4-562-05458-9
（下）ISBN978-4-562-05459-6

正の科学史……パストゥール、メンデル、アインシュタインから小保方晴子まで

疑惑の科学者たち

盗用・捏造・不正の歴史

ジル・アルプティアン／吉田春美訳

18 世紀から現代まで、科学にまつわる欺瞞と不正の歴史を概観する。有名な科学者の知られざる不適切行為から現代の STAP 細胞騒動にいたるまで、人物の評伝、事件の経過、歴史的な背景をコラムや図解とともに紹介する。 **四六判・2400 円（税別）** ISBN978-4-562-05480-0

時代監視システム研究の第一人者による全市民への警鐘

監視大国アメリカ

アンドリュー・ガスリー・ファーガソン／大槻敦子訳

イギリスと並ぶ監視大国アメリカの、捜査機関によるビッグデータや人工知能による予測捜査、リアルタイム監視、日々蓄積される膨大な個人情報……。行動のすべてを把握される未来はすでに来ている。そしてこれは確実に未来の日本の姿なのだ。

四六判・2400 円（税別） ISBN978-4-562-05483-1

良質のロマンスを、あなたに　ライムブックス

ISBN978-4-562-06509-7

大人気《メイデン通り》シリーズ　新展開の第11巻！

黒の王子の誘いは

エリザベス・ホイト／緒川久美子訳

カイル公爵ヒュー・フィッツロイは、ある日暴漢に襲われた。そこで危機を救ってくれた「セントジャイルズの亡霊」と呼ばれる謎の人物は、彼にキスして去って行く。「亡霊」は女性だった。自分を襲わせたのは謎の秘密組織〈混沌の王〉ではないかと推理したヒューはセントジャイルズの情報屋の少年、アルフを呼び寄せる。実はこのアルフは男装した女性で、「セントジャイルズの亡霊」だったのだ。

文庫判・960円（税別）

ほのぼの美味しいミステリはいかが？　コージーブックス

ISBN978-4-562-06077-1

走る豪華ホテルでまさに「あの」事件が発生!?

（英国少女探偵の事件簿③）

オリエント急行はお嬢さまの出番

ロビン・スティーヴンス／吉野山早苗訳

夢のようなオリエント急行の旅を、少女たちに気前よく用意してくれた父親の唯一の条件は「二度と探偵ごっこをしないこと」。でもクリスティの小説さながらの密室殺人事件に遭遇した少女たちは——!?

文庫判・960円（税別）

春とともに事件もやってきた。
家族と花嫁の幸せを守れるのか!?

（スープ専門店④）

春のスープと悩める花嫁

コニー・アーチャー／羽田詩津子訳

ラッキーは親友の結婚式の準備に大忙し。そんななか、ある女性がハーブで香り付けしたワインを飲んで急死してしまう。このハーブを用意したのはラッキーの祖父だった。さらに親友の実家近くの川で遺体が発見される。思い悩む祖父、家族を思って不安定になる親友。ラッキーはそんな二人を元気づけ、なんの心配もなく結婚式を挙げられるように真相を探る！

文庫判・940円（税別）

ISBN978-4-562-06078-8

「食の図書館」第Ⅳ期（全10巻）完結！図版多数レシピ付

海藻の歴史

カオリ・オコナー／龍和子訳

欧米では長く日の当たらない存在だったが、スーパーフードとしていま世界中から注目される海藻。世界各地のすぐれた海藻料理、海藻食文化の豊かな歴史をたどる。日本の海藻については1章をさいて詳述。図版多数。レシピ付。

四六判・2200円（税別） ISBN978-4-562-0541

まるでアトラクションに参加しているような、予

太陽系観光旅行読

おすすめスポット＆知ってお

オリヴィア・コスキー／ジェイナ・グルセヴィ

私たちは太陽系観光ツアー代理店。
して冥王星まで、最高の旅をご用意し
ち物からおすすめ観光スポット、楽し
知っておきたい科学知識まで
案内！ 四六判・180

自分で一からお寺を

お寺

本列島を翔
座を往く二つの
占領下の沖縄、
日……興奮と混乱
再現！

（税別）ISBN978-4-562-05479-4

石上さんの文章は、僕にエンター　なにかを教えてくれた」――三谷幸喜

石上三登志スクラップブック

日本映画ミステリ劇場

石上三登志／原正弘編

戦後のエンタテインメント日本映画を「ミステリ」というジャンルで区切り、脚本家・原作者を切り口として詳細に分析した「日本映画のミステリライターズ」を中心に、評論や対談、貴重な資料など単行本未収録原稿を収めた。

A5判・3800円（税別）ISBN978-4-562-05467-1

話、文学、歴史、人類学、考古学、文献学、語源学の多角的側面から、編纂された画期的事典！

アーサー王神話大事典

フィリップ・ヴァルテール／渡邉浩司＆渡邉裕美子訳

アーサー王物語の神話的側面を中心に文学、歴史、人類学、考古学、文献学、語源学など、多岐に記述し編纂された事典。アーサー王物語を理解するための座右の書。

A5判・9500円（税別）ISBN978-4-562-05446-6

メリカ企業ヘレナ・ルービンシュタイン社がフランスの香水会社ロシャスを二億三〇〇〇万フランで買収しようとしている」。一九六九年のことだった。文化遺産にかかわることすべてにかんしてフランスの保護主義はまだ揺籃期だった。

ロシャスの香水を愛用していた女たちは、このメロドラマ風の買収劇に色めきたった。彼女たちにとってロシャスとはエレーヌ・ロシャスだった。エレーヌを妬む女たちもいた。何千万も手にするのではないかしら？と。ほろりとしてエレーヌに同情する女たちもいた。アメリカ人はドルにものいわせて、エレーヌの過去、すなわちパリ解放直後、夫とともに「ファム」を売り込もうと苦労した昔の思い出を、彼女から奪おうとしているのだ。

母親の死後、社長になったヘレナ・ルービンシュタインの息子が、資本金の八〇パーセントに相当する二億三〇〇〇万フランを、一部ルービンシュタイン社の株、残りは現金で支払うと提案した。ルービンシュタイン社がヨーロッパで発行する社債でそれが可能となるのだった。

契約に一人だけ同意しない人物がいた。当時経済財務大臣だったジスカール・デスタンである。しかし、コティやキャロンには請け合ったことになぜお役所は横槍を入れようとしたのだろうか。出鼻をくじかれ、許可は下りなかった。しかしながらかなりのフランス企業が、行政のかかわらないところで外国企業の支配下に落ちていた。オルラーヌとジャン・ダルブレはノリッチ研究所の傘下に入り、アメリカの会社ロビンズがキャロンを買収し、コティがファイザーの、バルマンがレヴロンの支配下となり、デセスがパイヨ・アレクサンダーの手中に入り、サンローランがチャールズオブザリッツと提携した…

とはいえジスカール・デスタンの反対によってロシャスは混乱におちいった。エレーヌと、マルセルの後継者たちと、アルベール・ゴッセはもはや意見が一致しなくなった。暫定的な舵取り役を決めねばならなくなった。結局、ルセル＝ウクラフ社がロシャス社の四〇パーセントの資本参加をすることになり、エレーヌは面目をたもった。その頃キム・デスタンヴィルという新たな若い愛人もできた。

そしてふたたび見事に創造性が羽ばたいた。一九七〇年、調香師ニコラ・マムナスの手による「オー・ド・ロシャス」は大成功だった。爽やかで軽くてもちが良く、鮮やかに拡散するオードトワレだった。（マンダリンとグリーンレモンの）シトラス系がみずみずしいバーベナと調和し、ミドルノートは香り高いエグランティン（野バラ）と力のあるスイセン、奥深くにはオークモス、サンダルウッド、ミルラ（没薬）、アンバーがひそんでいた。

一九七八年はやはりニコラ・マムナスの作品、「ミステール」が衝撃をあたえた。オリエンタルフローラルシプレ系で、トップノートはスイカズラ、ベルガモット、マスチック。ミドルノートにはジャスミン、ローズ、スイセン、マグノリア、ガルデニアなど、厚い花弁がくらくらするような香りを放つ官能的なホワイトフラワーをそろえた。ベースノートはシプレがしっかり支え、オークモスがシストと調和している。

広告キャンペーンでは、「ミステール」は謎めいた香りだとほのめかした。「この香りにはなにかをもくろんだような形跡があり、この香りをかぐ人の豊かな想像力にうったえかける。『ミステール』は魅力に満ちている。なにげなくまとう女性は、自分が周囲になにを投げかけているか、すぐには分からないかもしれないが、この香りの力をまもなく感じとることだろう」。この宣伝文句はひそかに効力を発揮した。「魅力が『地の塩』だということを証明したがっている女性だけでなく、まさにその証人である女性たちのために創られた香水」［ジャニーヌ・アロー著『魅力の歴史』（*Histoires de charme*）］であると出版関係の広告文にうたわれた。

冒険心豊かなエレーヌ・ロシャスは旅行に熱中し、東洋や中東に出かけた。「香りと魅力に満ちた国々だった。わたしはバリの香りを堪能した。その自生の花の香りを。わたしはホワイトフラワーに夢中だった。世界の一流の美しい美術館をめぐり、世界中の女性に目をみはった。おしゃれで洗練されたアジアの女性たち。ボトルを開けないまま化粧台の上に放っておくアメリカの女性たち。そしてこぎれいな地方のフランス女性たち。きれいになるためにお金のやりくりをする庶民の女。わざとなのかうっかりなのか、ルーズな格好の一部の金持ち…」。

長い旅行のあいだも、エレーヌは会社のことをけっして忘れなかった。この女性にかぎって「去る者は日日にうとし」ということはありえなかった。

一九八四年、クロード・ビュシェが社長になった…。新たな出会いだった。エレーヌはふたたびロシャスというグランドメゾンとの絆をとりもどし、二人で「ビザンス」という神秘的な香りを創りあげた。「世に出た香水のほとんどはきつくて重たかった。わたしはあの強烈な感じがいやだった。そして『ビザンス』は豪奢な帝国、高度な文明、あらゆる東洋芸術の象徴だった…。それは一場の夢だ」

過去の追憶でもあった。ボトルはエレーヌのアパルトマンの客間と同じ、ブルーだった。マルセル・ロシャスがこだわった色だった。フローラルシプレで、トップノートはカルダモンとセドラ、ミドルノートはジャスミンとローズ、ベースノートはヴァニラ、サンダルウッド、ホワイトムスクだった。

特筆すべき作品として、ニコラ・マムナスによる秀作「リュミエール」もあげられる。汚れのない新鮮なスイカズラの若葉を一気にはじけさせるフローラル系の香りである。センチメンタルな感触は、おしみなく使ったホワイト系（ガルデニア、マグノリア、アカシア、オレンジフラワー、ジャスミン）のせいである。ホワイトはすべての色を含み、どんなにほのかな香りもとけこませる。ベースには独特の個性をもつアンバーグリスをくわえ、追憶を誘い、その曖昧な力をかぎりなく広げる香調をもたせた。

エレーヌ・ロシャスはいつまでも若かった。現代女性エレーヌは社屋の正面《ファサード》の改修工事をさせた。「わたしはスパゲッティがからんだみたいなあの壁面が大嫌いだった」。新しもの好きのエレーヌはスペインの建築家リカルド・ボフィルに仕事をさせた。インスピレーションをあたえ、さりげなく助言し、すべての製品に自分の美的感覚をそっとひそませることに彼女はふたたび熱心になった。「わたしはつねにこのメゾンとつながっている」。

内輪でくつろぐとき、エレーヌはバルベ＝ド＝ジュイ通りにいくつかあるサロンのどれかに閉じこもった。数々の名士を迎えたサロンだった。しかし、年月はすぎ去り、つぎつぎと人も消えた。「このうえなく傷つきやすく苦しみ多い存在」だったマリア・カラスがいなくなった。「青いサロンに居座り、バーにマリリン・モンローの肖像画を残していった」アンディ・ウォーホルがいなくなった。エレーヌ・ロシャスは昔を懐かしむこともあった。しかし「ノスタルジーは、どうしようもなくひとりぼっちなときだけ許されるポーズ」だった。

エレーヌは二〇一一年八月六日、ひっそりと亡くなった。八四歳だった。その死とともに、戦後のエレガントなパリジェンヌの優美で繊細なイメージも消えた。洗練された趣味の歴史のページがめくられた。エレーヌのコレクションはクリスティーズで競売に出された。その寛大さと知性、そしてサファイアのような瞳の女王然とした美貌をだれもがたたえた「美しきエレーヌ」（オッフェンバック作曲のオペレッタの題名）はファッションと香水の歴史に輝かしい足跡を残した。

二〇一五年、ロシャスは設立九〇周年を迎えた。一九二五年から一九五五年にかけて、三〇年間采配をふったマルセルの創業精神は、メゾンの将来にとってこのうえなく豊かな遺産だった。ファッション部門に創造性をとりもどし再建に成功したのは一九八九年のことだった。この時以来、四人のスティリストが後を継ぎ、彼らなりにオリジナルのスタイルに新しい解釈をくわえた。ロシャス社は二〇〇八年、ジャン＝ミッシェル・デュリエという専属調香師を迎えた。「オー・サンシュエル」や、「レ・カスカド・ド・ロシャス」や「スクレ・ド・ロシャス」のシリーズなど、デュリエはこれまでにロシャスから七つの香水を出している。

二〇一五年、アンテルパルファンがプロクター＆ギャンブル社からロシャスを買収した。ロシャスの香水は、きっと新たな生命力をえて、ファムはふたたびベストセラーとなるだろう。

第9章　カルヴァンのマグリフ

一九四六年に「マグリフ」（「わたしのサイン」）を創ったとき、マダム・カルヴァンは「若い香水」を出したかった。根強い社会通念をくつがえすのが彼女流のやり方だった。「きちんとした女の子は香水などつけるものではない！」と考えられていたのだ。「マグリフ」はさわやかで軽く、独特だったので、この規則に例外をもうけることができるようになった…

マダム・カルヴァンは自由と若さの味方だった。女性をコルセットから解放したポール・ポワレを心から尊敬していた。ポール・ポワレは多くのクチュリエにとって、ファッションのドビュッシーのような存在だった。作曲家としてドビュッシーがなしとげた画期的なことをポワレはファッションでやってのけたのだ。

マダム・カルヴァンは、パリで青春時代を過ごした。彼女は一九〇九年八月三一日に、ヴィエンヌ県シャテルローに生まれた。その頃はカルメン・デ・トマソという名だった。ドロミテ地方出身のイタリア人だった父のアドルフ・デ・トマソは、ビゼーのオペラが大好きで、カルメンと名づけたのである。カルメンは自分の名前が大嫌いで、とくに彼女が送りこまれた修道院経営の寄宿学校ではからかわれたりもした（オペラのカルメンといえば身もちの悪い女だ！）。カルメンにはフランス人で歌手の母親、そして妹ローラがいた（今度はピエトロ・マスカーニの「カヴァレリア・ルスティカーナ」にちなんだ名前だった）。

裕福な家庭で、休暇はモンテカルロですごした。カルメンには絵の才能が見られたので、ごく自然にパリのボーザール（国立高等美術学校）で学ぶことになった。建築家兼インテリアデザイナーになるつもりだった。カルメンはボーザールでロベール・マレ＝ステヴァンスに出会った。マレ＝ステヴァンスはモダニズムの傑作、イエールのヴィラ・ノアイユを設計した建築家だった。彼の影響は後になって決定的となる。というのも彼女にとって衣装の新作発表はプロポーション（均斉美）の研究成果だったからだ。そして真のプロポーションは生身のモデルにしか見られない。ロベール・マレ＝ステヴァンスにはもうひとついいところがあった。彼には弟がいたのだ！　その弟フィリップ・マレは魅力的な男で、カルメンはすぐに好きになった。たがいに一目ぼれした二人は一九三九年七月二日に婚姻届を出した。

カルメンはおばのジョジ・ボワリヴァンといっしょに注文服店によく通った。エレガントなジョジィはカルメンの憧れだった。そのときカルメンは、モデルがみな大柄なので、クチュリエが創る型は背の高い女性向けだということに気づいた。カルメン・デ・トマソは身長が一五五センチしかなかった。「わたしに合うドレスはなかった。シンプルでかわいらしくちょっと少女っぽい装いでもちゃんと映えるということを証明したいと思った」とカルメンは語っている。

一九四五年、カルメンは自分のファーストネームと訣別し、「マリー＝ルイーズ」と名のるようになり、注文服店を開いた。となればその名前が必要だった。彼女はカルメンという名の最初の音節に、おばの姓ボワリヴァンのうしろの音節をくっつけた。メゾン「カルヴァン」が誕生した。住所はロンポワン・デ・シャンゼリゼ六番地である。サロンは緑と白のストライプの生地で装飾された。緑はカルメンのお気に入りの色だった。「わたしが好きなものはみんな緑色」と彼女は言った。自然、木々、海…。まもなく「スキャパレリのピンク」と同様、「カルヴァンの緑」といわれるようになった。

カルメンは少ない元手、二人の女性主任、数人の職人で創業した。友人たちがモデルを、夫が支配人をつとめた。カルメンはみずからフィアット五〇〇「トポリーノ」のハンドルをにぎり、配達をした。若くて陽気な自分のイメージに合った、小柄な人のためのファッションを考えだした。スカート部分はヒップラインにそってひだが開き、ベルトをしめた短いドレスはウエストや足をきれいに見せ、広くあいた襟ぐりは胸のふくらみを強調した。大胆なチェックもふくらんだ袖もなく、よけい小さく見せる黒の代わりに、鮮やかな赤、黄色、パステルカラーを使った。カルメンはしっかりしたコットン生地やヴィシー（ギンガムチェックの木綿）を選んだ。結婚式にヴィシーのドレスを着こなしてみなをあっといわせたブリジット・バルドーよりはるかに先に。カルヴァンの初期の顧客のなかに、映画監督ジョルジュ・クルーゾーの妻だった女優ヴェラ・クルーゾーがいた。ジョルジュは、自分が手がける映画「マノン」に出演するセシル・オブリのドレスをデザインするようカルメンに依頼した。

シモーヌ・シモン、ジゼル・パスカル、ダニエル・ドゥローム、オデット・ジョワイユ（クロード・ブラスールの母親）、レスリー・キャロン、ダニー・ロバンといった一九五〇年代の小柄な有名女優たちがカルメンの店にかけつけた。パリの伯爵夫人やイタリアの王様ウンベルトの娘たちのように王侯貴族も例外ではなかった。そしてカルメンの創ったドレスは日本で大人気だった。

カルヴァンのファッションショーにはパリ中の女性が注目した。カルヴァンのショーはウェディングドレスから始まるのが特徴だった。従来、新作コレクションの要であるウェディングドレスは最後に登場するものだった。カルメンは子ども時代に読んだおとぎ話に想を得て、ウェディングドレスを約一〇着も発表した（彼女は後に「クレーヴの奥方」にヒントをえた、ジスカール・デスタン夫人のウェディングドレスを創ることになる）。一九四五年には緑と白のストライプのコットン生地を使ったドレス「マグリフ」をつくった。カルメンは「本物の生地」とよぶ、本物のコットン、本物のウール、本物のシルクを使った。一年後、このドレスに合わせるための同名の香水を創った。「これはわたしの、わたし自身のもの！」という意味がこめられてもいた。カルメンはなにより、「朝九時から真夜中まで」持続するようなフレグランス、「くらくらするようであってはならないさらりとした香り」を望んだ。彼女の爽やかなファッションに似あうような香りを。

休暇には両親と一緒に南仏ですごしたカルメンは、「鼻孔に残る」ジャスミンの香りを記憶していた。エトワール広場に近いボージョン通り三六番地の壮麗な建物がパルファン・カルヴァン社本店になった。経営陣は、支配人ジョルジュ・ボー、商取引の天才ジャン・プロドン、販売のモーリス・ピノ、広報担当のアンドレ＝ピエール・タルベスが固めた。

マグリフの調合を担当したのはグラースのルール社の主任調香師ジャン・カールである。ガルデニアから合成したスチラリルアセテートを初めて大量に導入した、アルデヒドシプレの香りだった。この製品はガルデニアのフローラルグリーンノートがまさに開花の気配を見せ、当時としては斬新な爽やかさが感じられた。そこにレモングラスの精油シトロネラールを組み合わせ、シトラス系のニュアンスをくわえた。この二つの香調が、ガルバナムとアルデヒドとともにトップノートを形成していた。スチミドルノートはジャスミン、スズラン、ローズ、イランイラン、イリスをのせたフローラル系。スチラックス、オークモス、サンダルウッド、シナモン、ベンゾイン、ベチバーのベースノートがウッディな香跡を残した。

マグリフは、アンドレ＝ピエール・タルベスが建築家の掟というべき黄金比に従ってデザインしたクラシックなボトルにおさまった。もちろん包装は緑と白のストライプだった。

商標登録をする段になって、アンドレ＝ピエール・タルベスはマグリフという名が、ゲランと石鹸の「ル・シャ」ですでに使われていることを知った。ジャン＝ジャック・ゲランは雅量を示し、無償で商品名を譲った。「ラ・グリフ・デュ・シャ」の商標は、戦時中にカルメンの夫フィリップ・マレと同じ飛行小隊にいたパイロットのものだった。彼も喜んで、尊敬の的だった英雄の夫人に商標をプレゼントした。

ジャーナリストで作家のガストン・ボヌールは「ヴォトル・ボーテ」誌にデビューしたてのマグリフについて書いた。「マグリフ、生命力にあふれる若い猫の愛撫、茨のなかに咲く色鮮やかな孤高のバラの約束、最初の情熱がつき果てる戯れ…」なんとも詩情豊かだ。

店では、ボトルが入口のカウンターにならべられ、入って来た客にきれいな女の子がこの新しい香りを吹きかけた。

それまでのサンプルは香りをじっくり味わえるだけの量がなかった（「両手首につけるほどもなかった」）ので、カルメンはたっぷり三日分が入るような小型のボトルを探した。しかしどのガラス業者もそのようなボトルは作っていなかったので、彼女はマグリフのため、特別に注文することにした。このミニボトルは芝居の初日、赤十字の舞踏会、「フランス」号の船上といった晴れがましい場でしか配られなかった。豪華客船「フランス」の処女航海の際、「ジュ・カルヴァン」（カルヴァンごっこ）の勝者には賞品として香水があたえられた。

広告ポスターは、「マグリフ、若い香り」のうたい文句が書かれた、画家ルイ・トゥシャグの絵だった。この香りは若い女性に好評だっただけでなく、上の年代にも人気があった。「マグリフ」はまたたくまに世界でもっとも売れている香水のひとつとなった。外国の各地で好んでこのモデル商品を紹介していたカルメンは、ほとんどマグリフの創作者としか見なされていなかった。そのくらいこの香りは世界中に広まっていたのである。

カルメンは並行してファッションの分野にも新風を吹き込みつづけた。ポール・ポワレを尊敬し、彼がコルセットを否定することによって女性たちにもたらした自由を謳歌した彼女が、コルセット的なものに興味をもった。一九四七年、彼女はコルセット製造業者のマリー＝ローズ・ルビゴとともに、オフショルダードレスの下に着ける、まったく新しいストラップレス・ブラジャー、「バルコネ」を開発した。カルメンはまた、二番目の香水、「ローブ・ダン・ソワール」も発表した。トップノートはアルデヒドフローラルで、ベルガモット、マンダリン、ネロリ、ピーチに始まり、カーネーション、ジャスミン、リリー、ラシーヌディリスがミドルノート、アンバー、ベンゾイン、ヴァニラ、シダーウッド、サンダルウッド、ベチバーがベースノートだった。あたたかく華やかなブーケである。

一年後、ふたたび彼女は若い女の子たちのことを考え、彼女らのためのブラジャー、「シルヴェーヌ」を開発した。結婚前の娘が胸を強調するなどけしからぬとまだ思われていた時代だったが……

そしてやはり小柄な人が着ることを念頭におき、カルメンは一九五〇年夏のコレクションをこのように前置きして発表した。「小柄な女性たちへの敬意をこめて、タナグラ人形（ギリシアのタナグラで多数発掘されている、高さ一〇～二〇センチの人形）にインスパイアされたライン」。同じ年、彼女はフランスで封切られたばかりの映画「風と共に去りぬ」に構想をえたイヴニングドレスのシリーズを創作した。

無類のスポーツ好きだったカルメンは、水着や狩猟用の服をデビュー当時から考案した。戸外でつけるための香水が必要となり、その結果できたのが「シャス・ギャルデ」だった。やはりジャスミンを感じさせるグリーンウッディな香調で、ベチバー、タイム、ローズウッドが組み合わされていた。ボトルは薬莢の形の箱につめられた。そのお披露目のために、ウィンザー伯爵夫妻主催のガーデンパーティーがビアリッツのカジノで開かれた。

一九五四年、マグリフの販売促進のため、カルメンはきわめつきの派手なファッションイベントをおこなった。パリ解放の一〇周年を記念して、彼女は市から許可をとり、第二次大戦の爆撃機二機をパリの上空で飛行させ、トロカデロ広場にマグリフのミニボトルを落下させた。小さなボトルは緑と白のストライプのパラシュートをつけて降りてきた。マグリフはこうしてパリ解放と幸福な日々の再来のシンボルとなる。

マグリフを香水店のウィンドーに飾るため、カルメンは緑と白のストライプ生地を使ったちょっとした装飾を考え出し、それをさらに華やかにしようと、一九五七年に陶芸家ギノーに素朴な人形のシリーズを作るよう依頼した。

カルメンは旅をきっかけに、ブーブー（アフリカの原色の長衣）やバティーク（ろうけつ染）といった民族調の生地を伝統的なヨーロッパ風の服にとりいれるようになった。「タムタム」なるドレスは大ヒットした。「わたしはいつもなにかを学びたくてたまらなかった。運よくわたしと同じように旅好きな仲間がいた。わたしは外国で、衣装や人々や景色をじっくり見た。わたしは世界一好奇心豊かな娘だった。なんにでも興味をもち、アジアとアフリカが好きだった。これらの大陸ははっきりした特色があったから」と彼女は「シェヌー」誌で語った。

彼女はアゲ（コートダジュール）の家で夏のコレクションの準備をした。モロッコ風の緑の瓦屋根の白い家だった。カルメンは創ったばかりの水着を着て地中海で泳いでみた。彼女はまわりに人がいるのが好きだったので、食事の時にはかならずたくさんの客がいた。写真家のジャック＝アンリ・ラルティグとその妻フロレットが常連だった。南仏にいないときは、ノルマンディの私有地で庭仕事をし、花々から新作の構想をえた。

カルメンはあちこち移動ばかりしていたので、クルーズ用の軽装をデザインした。モスリンはふわりと広がり、チュールははためいた。「プリーツをいっぱいとって、どの服もスーツケースにさっさとかたづけてしまえるようにデザインした」。飛行機で旅行することも多く、ＣＡ（キャビンアテンダント）の服の野暮ったさにも気がついた。そこに目をつけたクチュリエはカルメンが初めてだった。航空会社からデザインの注文が殺到した。ＣＡたちはカルヴァンのデザインによって日々生き生きと働けるようになり、ちがいを実感した。顔色を良く見せ、睡眠不足によるくすみをごまかせるような布と色が選んであったからだ。パリ警察の補助員の「ナス」色の制服を「ツルニチニチソウ」（淡青色）に変えたのも彼女だった。以降、「カルヴァンユニフォーム」という部門ができた。

さらに「カルヴァン・ジュニア」という若い顧客向けの初の高級プレタポルテのメゾンも誕生し、「ベチバー」の発表とともにネクタイのシリーズもでき、メンズ部門の先がけとなった。そのシリーズには、位置がずれないようにするためのボタンホールのついたネクタイがあった（残念ながらなくなってしまったが）。

有名な「ベチバー」は一九五七年にスイスの香料メーカー、フィルメニッヒが創ったものである。夫フィリップ・マレへの贈り物だった。「わたしのいとしいフィリップへの賛辞として極上の香水がほしかった。つけてもキザに感じられないような香りが。キザな感じは彼らしくなかったし、彼も大嫌いだった」とカルメンは言った。

ベチバーを中心とするこの香りのトップノートは、シトロン、ベルガモット、ラヴェンダーが組み合わされていた。スパイスのきいたミドルノートはナツメグの香りを解き放ち、ベースノートはジャワベチバー、とくに世界一とされるブルボンベチバーで構成されていた。

みずみずしく陽気な「ベチバー」はまたたくまに大ヒットした。女性のあいだでも人気があった。

ゲランはその後すぐに自社の「ベチバー」の構想を練ることになる（一九八八年、カルヴァンの「ベチバー」はコリアンダー、ナツメグ、ペッパーをくわえ、「ベチバードライ」という新しい名称で登場した）。

翌一九五八年、ドゴール将軍が政権をにぎった。カルヴァンの香水の成長はめざましかった。万国博覧会がブリュッセルで開催され、マグリフと同様ジャン・カールが創ったグリーンフローラルの香り、「ヴェール・エ・ブラン」が発売された。ジャスミンが花形となってローズマリー、ゼラニウム、クローブと調和していた。

一九五九年から、マグリフは香水として初めてメジャーな国際線で免税販売されるようになった。他に先がけて有益な立場になったものの、他のクチュリエや香水メーカーからは白い目で見られた。飛行機で売るようでは、高級香水の値うちが下がるというのだった。メゾンカルヴァンはスポーツ関係の行事のスポンサーにもなった。

一九六六年、アジアに何度か旅行したが、その後試練がまちうけていた。フィリップ・マレが死んだのである。モデルや従業員たちにいたわられながら、彼女は仕事に没頭した。お悔みの手紙のなかに一通、格調高い文面のものがあった。ルネ・グロッグという名の人物からだった。スイスの実業家で一八世紀美術の大蒐集家だった。彼と話していると楽しく、カルメンは大好きになった。彼は六年間カルメンになにくれとなく言いより、とうとう一九七二年に結婚した。

一九六六年はカルヴァンが初めてユニセックスのオードトワレ、「オー・ヴィヴ」を発表した年でもあった。カルメンは新しいアイディアを吸収するため、旅に出ることにした。南アフリカまで足を伸ばし、新しい「毛皮」売り場にヒョウやチーターといった斑点模様の毛皮をそろえた。ファッションショーでは鎖につながれたかわいいオセロットが幕開けに登場した。

さらに一九七一年、斬新で官能的な志向の新しい香水、「ヴァリアシオン」が誕生した。サンダルウッド、アンバーグリス、ヒヤシンスの絶妙な組み合わせだった。

カルヴァンはつねにみずみずしさと若々しさを追求し、「マリニーの冬とガッリエーラの夏」というコレクションを発表しつづけた。イタリアの作家マラパルテはカルヴァンについて「カルヴァンのコレクションは一かかえの花束に似ている。すべての女性が思わず鼻を近づける」

「伝説の鳥たち」はカルメンの創造性のあらたな一面をうち出した。一九六八年に始まった初めてのジュエリーのシリーズである。男性のプレタポルテラインも誕生した。

一九七七年から一九九五年にかけて、カルヴァンは八種類の香水を発表した。一九七七年に若いビジネスマン向けのオードトワレ「ムッシューカルヴァン」。一九七九年に東洋を感じさせる「マダムカルヴァン」。一九八二年に若い女の子向けの香水「ギルランド」。当時は無名だった若手女優、ヴァレリー・カプリスキーがミューズとなった。

一九八六年の「アントリグ」はカルヴァンブランド誕生「二〇の二倍周年」を祝うために創られた。フルーツとシトロンが同時に香るクラシックな香水だった。

一九八九年には、限定的な名前をつけたフレグランス三部作を発表した。「ローブ・ダン・ジュール」、「ローブ・ダン・ソワール」、「ローブ・ダン・レーヴ」と、一日を通してつけられる三つの香りだった。

ルネ・グロッグは一九八一年に亡くなり、カルメンは一九九三年まで才能を発揮しつづけたが、八四歳になり、創作活動をやめる決心をした。一九九五年、ガッリエーラ美術館はカルヴァンのドレスの豪華な展覧会を開き、功績をたたえた。カルメンはもはや、夫との共通の趣味だった古い家具や美術品の蒐集にしか関心がなかった。後にその秀逸なコレクションはルーヴル美術館に寄贈され、その豊富な内容によって「世紀の寄贈」とよばれた。

一九九五年、香水会社カルヴァンは忘れられた一部のフレグランスを復活させる決断をした。調香師ジル・ロメが手をくわえた「オー・ヴィヴ」はオリジナル以上のできばえだった。「新しい『オー・ヴィヴ』は、カルヴァンのこれまでの創作精神が形になったものだが、完璧な作品だ」とジル・ロメは述べた。アカシア、ジャスミン、ネロリ、スズランを組み合わせたグリーン系の強い香りだった。さらにラヴェンダー、ローズウッド、イノンド、コリアンダー、ベルガモット、アップル、ベチバーがくわえられていたほか、ほのかにパイナップルとグレープフルーツが香った。

オートクチュールの永遠の大御所、マダム・カルヴァンは二〇〇九年に百歳を祝った。二〇一五年六月八日に一〇五歳でようやくこの世に別れを告げた。なんと長く、創造性豊かな生涯だったろう！よく笑い、仕事好きで、勇敢な彼女は、ふだん着にしやすく、しかも遊び心のあるファッションを創りだした。「マグリフ」は今なおお手に入る伝説の香水である。身長一五五センチの小柄な女性はいつまでも「小さな女性のための偉大なクチュリエ」でありつづける。

第10章　クリスチャン・ディオールのミスディオール

一九四七年。第二次世界大戦はまだ記憶に新しかったが、すでにさまざまな変化が起きていた。婦人参政権が認められるようになり、女性初の大臣としてジェルメーヌ・ポワンソ＝シャピュイが厚生大臣に就任した。ロジェ・ヴィヴィエがピンヒールを発明し、クリスチャン・ディオールがメゾンを設立し、初めての香水「ミスディオール」を発表した。アルデヒド、グリーン、アニマリックノートをもつシプレ系の香りで、当時女性に人気のあったパウダリーな香りとはかなり異なるアコードだった。まさに、ディオールの名を広めた「ニュールック」革命が香水でも起きたのだ。クリスチャン・ディオールは世界でもっとも有名なブランドを設立したばかりだった。

名誉を手にしたクリスチャン・ディオールだったが、栄華は十年ほどしか続かなかった。その道のりは波乱万丈だった。彼の生涯もどちらかといえば短かった。

一九〇五年一月二一日、ノルマンディーのグランヴィルに生まれたディオールは、子ども時代をこの地ですごした。モーリスとマドレーヌ・ディオールの次男だった。兄のレイモンはがっしりした逞しい体格だったのに対し、クリスチャンはアーモンド形の大きな眼をしたひ弱な子どもだった。ジャクリーヌが一九〇八年に、ベルナールが一九一〇年に生まれた。しかしクリスチャンは、一九一七年に生まれた二人目の妹ジネット（後にカトリーヌとよばれるようになった）と一番うまがあった。

ディオール家は庭に花々が咲き乱れる「レリュンブ（風配図）」という大きな家に住んでいた。ディオール夫人が丹精こめて庭の手入れをしていた。一九五六年に刊行されたディオール自身の回想録によると、三二方位に分かれた風配図（ウィンドローズ）が入口の床のモザイク模様となっているところからこの別荘の名前がついた。クリスチャンだけは唯一庭いじりが好きで、自然やその香りに興味を持った。彼は後年、幼なじみのセルジュ・エフトレル＝ルイシュといっしょに地中海風の庭をここに作ることになる。その後セルジュはディオールの香水部門のトップになった。ところが当時は父親の経営する肥料工場があたり一帯ににおいを及ぼしていたので、皮肉なことに、町の方向に風が吹いてくると、住民は「ディオールのにおいだ！」と言うのだった。

一九一一年、一家はパリの高級住宅街、ラミュエット地区に引っ越した。父モーリスの事業は繁栄し、瀟洒なアパルトマンで贅沢な暮らしをいとなみ、白い手袋の使用人にかしずかれて社交晩餐会を開く日々だった。クリスチャンはジェルソン校に通い、友だちをたくさんつくった。彼はゆったりしたブルジョワらしい子ども時代を送り、利口な子だった。生涯、この時代をふり返り、ブルジョワ風装飾をほどこした豪華なアパルトマンを懐かしんだ。クリスチャンはかなり早くから、父親の稼業には興味が持てないし、後は継ぐまいと思っていた。それに、跡取りである兄もいた！

クリスチャンは子どもの頃から服が大好きだった。想像力を思いきり働かせるカーニヴァルの時期ほど、彼にとって楽しいものはなかった。スコットランド風の衣装を作るのに、タータンチェックの生地がないときは、自分で生地に柄を描いた。妹のためには貝殻を使ったトップスとラフィアヤシからとった繊維のスカートで海の神ネプチューンの衣装をつくった。彼の制作した衣装は大好評で、「わたしにも作って」とつぎつぎと頼まれ、彼はたまらなく嬉しかった。

こうした幸せな日々に第一次世界大戦が勃発した。休暇でグランヴィルにいたディオール一家は、パリに帰らずそのままいることにした。長男のレイモンは一九一七年（一八歳だったので）、軍隊に入り、自分の隊が全滅する経験をした。たった一人生き残ったレイモンはその後遺症に一生苦しんだ。クリスチャンは周囲の出来事に無関心にみえた。この頃のことといえば無頓着でいい加減だったという記憶しか彼にはなかった。嫌なことを遠ざけようとしていただけだろうか。手相見に将来を予言されたのもこの頃だった。「あなたは一文無しになることがあるでしょうが、女性たちが幸運をよびこんでくれ、それがきっかけで成功しますよ」。一四歳の子どもも相手とは思えない予言だが…

戦後、ディオール一家はパリでの生活に戻った。クリスチャンは成長し、家庭という温室からぬけだしはじめた。彼は友人たちといっしょに、「ブフ・シュ・ル・トワ」というナイトクラブに出入りした。コクトー、ストラヴィンスキー、英国皇太子、バレエ・リュスが通いつめていることで有名になったクラブだった。若いディオールはパリ中の芸術家や文学者とそこで知り合った。日中は画廊をめぐり、ラヴェルやドビュッシーを聴き、ジャック・コポーやルイ・ジューヴェの出演する劇を見にいった。そんな生活を送りながらも一九二三年六月には難なくバカロレアを取得した。

外交官になってほしいというのが両親のたっての希望だった。クリスチャンがボーザール（国立高等美術学校）しか考えていなかったのに対し、両親はシアンスポ（パリ政治学院）への進学を強く勧めた。建築家になりたいという希望を父モーリスも母マドレーヌも認めようとせず、クリスチャンは落胆した。とくにいつも息子の肩をもってくれた母親に対する失望は大きかった。

とはいえ一九二三年、クリスチャンは両親を喜ばせるためにシアンスポに入学し、あいかわらず夜遊びをつづけた。ピアノの名手だった彼は、意に添わない進学の代償として作曲を習う許しをえて、音楽にのめりこんだ。サティ、ストラヴィンスキー、フランス六人組[*1]が好きだった。こうして彼は作曲家のアンリ・ソーゲと知り合い、固い友情で結ばれた。クリスチャン・ベラールとマックス・ジャコブもふくめた結束の固いグループをつくった。どんちゃんさわぎに明け暮れた時代だった。宴を開いては現実逃避し、舞踏会を渡り歩き、仮装を楽しんだ。若者たちは「ル・クリュブ」というグループを作り、トロンシェ通りのバー、「ティップトゥーズ」にしょっちゅう集まった。ディオールはそこでまたマックス・ジャコブ、クリスチャン・ベラール、ルネ・クルヴェル、俳優のマルセル・エランと会った。

当然、秘密は両親にばれた。クリスチャンは一度もシアンスポの講義に出ていないではないか、どうするつもりだ、というわけである。彼はパリの古文書学校に入りたいと申し出た。博物館の研究員になるのも悪くないでしょう、といってみた。やはり両親の返事はノーだった。とはいえクリスチャンが惹かれるのは創造の世界だった。そこで彼は画廊の経営者になる決心をした。そこで知り合ったのが、画廊を開くために共同経営者を探していたジャック・ボンジャンだった。そして「ギャラリー・ジャック・ボンジャン」が誕生した。クリスチャンはジャックの妻ジェルメーヌと親しくなり、ピアノで連弾をするまでになった。ボンジャン夫妻に娘ジュヌヴィエーヴが生まれたとき、ディオールは代父に選ばれた。ジュヌヴィエーヴは成長して、女優ジュヌヴィエーヴ・パージュになった。

ボンジャンとクリスチャンはクレー、マックス・エルンスト、オットー・ディクス、ミロ、デ・キリコ、そして友人であるマックス・ジャコブやクリスチャン・ベラールの作品を展示した。のんびりした時代だったが、一九二九年の株価大暴落の兆しが見えていた。

その後の数年間、ディオール家に不幸があいついだ。ずっと情緒不安定だった三男のベルナールが錯乱状態におちいって入院した。ポントルソン精神病院に入り、そこで死んだ。ショックを受けた母親は病に倒れ、一九三一年に手術の後、敗血症で亡くなった。父親は、一九二九年の世界恐慌の際、あっというまに破産した。まもなくジャック・ボンジャンも画廊をたたまねばならなくなった。

クリスチャン・ディオールは一文無しでパリにとりのこされた。以前の生活をとりもどそうとしたが、一九三四年に病気で倒れた。友人たちが金を出し合い、フォン＝ロムに近いサナトリウムに入院させた。その後バレアレス諸島に転院した。一年後、新しい生活をはじめ、夜遊びとは縁を切ろうと固く決意してパリに戻った。友人のファッションデザイナー、ジャン・オゼンヌが手ほどきしてくれたおかげで、クリスチャンは初めて描いたデッサンを売ることになった。ようやくファッションという自分の道が開けたのだ。一流クチュリエのドレスを描いた彼のデザイン画が「ルフィガロ」紙に載り、当時売れっ子クチュリエだったロベール・ピゲの目にとまった。一九三八年、ピゲはクリスチャンをモデリスト（デザイナーあるいはモデル作品制作者）として自分のメゾンに採用した。初めてのファッションショーで、クリスチャンは白と黒の千鳥格子のドレスを考案し、激賞された。後に彼はミスディオールのボトルでこの千鳥格子を甦らせた。

一九三九年、友人の俳優、マルセル・エランは、自分が上演する予定のシェリダン作「悪口学校」の衣装のデザインをクリスチャンに依頼した。コクトーからも声がかかり、クリスチャンは戯曲「円卓の騎士」でジャン・マレーが身に着けたタイツのデザインをした。

クリスチャン・ディオールはホモセクシュアルな傾向を隠しつづけていたが、経営幹部として働いていたある良家の青年と極秘裡に同居していた。生活にゆとりが戻った。ところが第二次世界大戦が勃発し、ふたたび窮乏生活に耐えねばならなくなった。

クリスチャン、アンリ・ソーゲ、クリスチャン・ベラール、ジャン・オゼンヌといった仲間たちはみな、戦地に赴いた。一九四〇年六月、フランス軍は崩壊した。ドイツ軍に占領されていない地帯にいたクリスチャンは復員した。彼は南仏にとどまり、家族が避難していたカリアンに移った。（妹のカトリーヌは一九四四年にレジスタンス活動に参加し、強制収容所に送られた。クリスチャンは妹の生存をあきらめていたが、一九四五年に彼女は生還した）。

一九四一年、ピゲからふたたびよばれたクリスチャンはパリに戻る決心をした。しかししばらくぐずぐずしていたのでピゲのところのポジションは埋まってしまった。別の才能豊かなスティリスト、ピエール・バルマンとともにクリスチャンを雇ったのはルシアン・ルロンだった。ココ・シャネルはスイスに、エルザ・スキャパレリはアメリカに、モリヌーとワースはロンドンにいたし、マドレーヌ・ヴィオネは店をたたんだ。くいこむ余地はありそうだったが、楽に勝てるわけでもなかった。クリスチャン・ディオールはともかく自分のメゾンを設立したいと思うようになった。

一九四五年、彼はバルマンと組もうかと一時考えたが、話はまとまらなかった。バルマンはさっさと自分のブランドを設立し、クリスチャンはルロンの元にとどまった。クリスチャンの将来が決まったのは、マルセル・ブサックとの出会いがきっかけだった。小さなメゾン、フィリップ・エ・ガストンを所有する実業家ブサックは、会社に活気をとりもどしたかった。クリスチャン・ディオールの才能を知っていたブサックは、彼を会社に引き入れようとした。しかしクリスチャンはこの会社の再建にかかわる気は一向になく、ブサックの申し出を断った。彼が望んだのは自分自身のブランド設立だった。ブサックは納得し、クリスチャンに資金援助することにした。こうして一九四六年一二月一日、モンテーニュ通り三〇番地にディオールがたちあげられた。さほど大きくない個人邸宅で、知る人ぞ知る小さな閉鎖的メゾンだった。クリスチャンが子ども時代に親しんだ新ルイ一六世式でインテリアをデザインしたのはヴィクトル・グランピエールだった。クリスチャンはデザイン部門を取り仕切り、ジャック・ルエが経営を担当した。クリスチャンはパトゥからマルグリット・カレを引き抜き、レイモンド・ゼナケルがルロンを辞め、ミツァ・ブリカールがモリヌーをみかぎってそこに合流した。これで陣容がととのった。

クリスチャンは、ディオールの名を絶対に商売に使わないように、という母親からの頼みごとを無視したことになる。ディオール家に外交官、弁護士、実業家はいても、商売人だけはこまる！という わけだった。一二月の最初の二週間、クリスチャンは初めてのコレクションのデッサンに没頭した。

その間に父親が亡くなった。息子が自分のブランドをたちあげるのに渋い顔をした父だった。

一九四七年二月、ディオールの初コレクションが披露された。随分前からクリスチャン・ディオールは戦後のファッションに革命を起こそうと考えていた。「ファム・コロル（花冠）」は一九四六年初頭から登場していた。アメリカの「ヴォーグ」誌のファッション部編集長がディオール旋風をまきおこした最初の女性となった。彼女はロンドンで、ミモレ丈の黒サテンのスカートと、ウェストを絞った上着の下にモーヴ色のモスリンのトップスを得意げに着てみせたのである。ロングスカートではないという理由でナイトクラブへの入場を断られ、ちょっとした騒ぎになった。「タイム・マガジン」がこの出来事を広めた。

「コロル」シリーズは脚光をあびた。しかしクリスチャン・ディオールにとって「香水はドレスの最後の仕上げ」だった。そして初めてのコレクション発表に、「愛が香る香水」が必要だった…

暫定的にたちあげた香水会社のトップとなった友人、セルジュ・エフトレル＝ルイシュが、調香師ポール・ヴァシエの協力をえて、ディオールのドレスに合う香りの創作を引き受けた。シプレ系であるとともにグリーン系でもあるフレグランスで、当時の伝統だったパウダリーな香りとは一線を画していた。トップノートにガルデニア、ガルバナム、クラリセージ、ミドルノートにジャスミン、ネロリ、カーネーション、ローズ、そしてベースノートはパチュリ、オークモス、ラブダナム、サンダルウッドだった。

ミスディオールはノスタルジーに満ちた香り、海草の匂いがするノルマンディの断崖の香りだった。野性のカーネーションのコショウのような香りも混じっていた。あとはこの新しい香りにつける名前だった。それをいいあてたのはクリスチャンがかわいがっていたミューズ、ミツァ・ブリカールだった。クリスチャン・ディオールの妹カトリーヌがくるのを見たとたん、彼女は叫んだ。「ほら、ミスディオールが来たわよ！」。このよび方が気に入ったクリスチャンは香水に同じ名をつけた。

この初めての香水にボトルが必要となった。選ばれたのはアンフォラ型にカットしたバカラ社のクリスタルだった。その形はウェストを細く絞ったブラウスとフレアスカートを組み合わせたニュールックスタイルのシンボルだった。ボトルはフランス国旗の色である青、白、赤の三通りあった。第二次世界大戦後、愛国主義が先鋭化していた。後に黒と白の千鳥格子で、「バー（bar）」スーツにヒントをえた別のボトルが登場した。クリスタルが二重になっており、外側の層が千鳥格子に切り取られ、透明クリスタルをのぞかせていた。

この最初の香水からすでにボトルは洗練されており、贅沢なディテールにセンスが感じられた。ラベルも箱の作りも凝っていた。ミスディオールの時にもうけられたメゾンの方針はそのまま他のフレグランスにも受け継がれ、後に手作業で貼られたラベルには蝶むすびのリボンと（ルイ一六世様式のような）楕円が描かれることになる。注文生産の高級化粧箱には黒いビロードが張られた。

初めてのファッションショーがようやく開かれることになった。ミスディオールを展示するため、モンテーニュ通り三〇番地の瀟洒な店に「コーナー」が設けられた。クリスチャンはすべてのドレスだけでなく、サロンにもこの香水をふりかけた。ディオールの店に入る人にはみな、ミスディオールの香りをしみこませていただく、というわけだった！　こうして毎週一リットルの香水が吹きかけられた。たいへんな出費だったが、この宣伝の収穫は大きかった。ディオールが発表した新しい香水はジャーナリストだけでなく客にも強い印象をあたえ、その話題でもちきりになった。そしてコレクションは、「ハーパーズバザー」誌編集長カーメル・スノウの熱心な後押しが幸いし、パリでもニューヨークでも大成功となった。「ニュールック」という画期的な表現を口にしたのも彼女だった。

これで将来の目途はたったものの、原料供給が滞るようになり、設立したばかりのパルファン・クリスチャン・ディオール社は頭を痛めた。炉に補充する石炭が不足してガラス工場の生産が遅れていた。フレグランスの原料は手に入りにくくなった。そして香水はじつに高価な商品だった。とはいえ、アメリカ人たちの懐は温かかった。フランスの顧客はこの魅力的な香りを手に入れる余裕がかならずしもあるわけではなかったが。

一九四八年、セルジュ・エフトレル＝ルイシュとともに、クリスチャン・ディオールはアメリカを訪ねた。アメリカ市場を視察し、アメリカ女性たちは香水よりも軽いオードトワレを好むことを知り、クリスチャン・ディオール・ニューヨーク・パフュームスを設立した。この新たな市場にさらに焦点をあてた製品をとりそろえるべきだと思われた。財務責任者ジャック・ルエの助力をえて、クリスチャンは巨大マーケットにのりこんだ。初めてのフランチャイズシステムやライセンス生産を制度化し、世界中に広報活動のオフィスを設置した。彼はアメリカのマリリン・モンロー、エリザベス・テイラー、あるいはマレーネ・ディートリッヒといったスターのクチュリエになった。マレーネ・ディートリッヒはディオールしか着ない、と決めてこのわがままをとおしたため、プロデューサーはかならず彼女にディオールの衣装を用意しなければならなかった。

ディオールの二番目の香水は、一九四九年の「ディオラマ」だった。エドモン・ルドニツカとディオールの初めてのコラボレーションとなる香水だった。ロシャスのファムの創作者ルドニツカは、香りの仕事をする者を見下すような「鼻《ネ》」というよび方が大嫌いだった。「モーツァルトは耳ではなく、ヴァン・ゴッホは手ではなかった。私も、鼻《ネ》ではない」と言い返した。ルドニツカはそれより、「調香師《コンポジトゥール》」という呼称を好み、この方が実情に合っていると言った。たしかに、香りの芸術家たちは香りの個々の要素となるさまざまな成分を取り出し、何度も正確に測定し、注意深く組み合わせて特定の調合のしかたを決めるのだ。

「ディオラマ」はシプレ系の構造をした官能的な香りで、フルーティでスパイシーなノートが引き立て役となっている。トップノートはピーチ、ベルガモット、プラム、ミドルノートはスズラン、ジャスミン、ローズ、スミレ、チュベローズ、そしてベースノートはベチバー、パチュリ、オークモス、ラブダナム、シベット、そしてカストリウムが温かさをくわえた。香りは重いが、花の種類はいいあてることも嗅ぎ分けることもできなかった。ローズも、ジャスミンも、オークモスも区別できず、どんな花も感知できなかった。「ディオラマ」はさまざまな香りが同時にあふれ出す香水だった。限定版として、ディオールはフェルナン・ゲリー＝コラスとともに、コンコルド広場を思い出させるようなオベリスク型のボトルを考案した。バカラのクリスタルで製作されたボトルは考古学や大文明に対するディオールの興味が表れていた。この香水は一九七九年に販売停止となり、「ディオレッセンス」がとってかわった。しかしフランソワ・ドゥマシーがふたたびディオールの香水を取り仕切るようになると、彼は二〇一〇年に「ディオラマ」を現代的に甦らせた。「ディオラマは類まれな香りだ。メゾン・ディオールの香りにかんする大きなテーマのすべてが盛り込まれている」。

こうしてクリスチャン・ディオールは、クチュリエであると同時に香水のつくり手であると自覚し、創造のあらゆる段階に関わった。香水は彼にとってショーに出るモデルの最後の仕上げだった。ひとつの香水はつねにひとつのショーに対応して創られ、参加者一人一人に香水のサンプルが配られた。

ディオールの香水はシャネルやランバンに比べて三倍の経費がかかったが、ボトル、包装、密封の具合、すべて完璧だった。クリスチャン・ディオールはオートクチュールと香水を分けて考えなかった。やがて下請けシステムを廃止して、工場の建設を視野に入れねばならなくなった。さらにつぎつぎとショーを成功させ、それを足がかりに事業を拡大するため、新たな製品をうちだす必要が生じた。

またしてもエドモン・ルドニツカが一九五三年に「オー・フレッシュ」を創りだした。その名のとおりじつに爽やかなユニセックスの香りは、トップノートにマンダリン、ベースノートに(ビターオレンジの葉を蒸留してとった)プチグレンビガラードとインドネシアのパチュリを含んでいた。ボトルの形はフレグランスのユニセックスな性格そのものだった。浅い切りこみと黒い蝶むすびによって和らげられたボトルのラインは、下半分の帯とキャップに描かれたかご細工模様と見事に合っていた。同時にディオールは、古代建築の列柱をヒントに、金属製で機密性の高い旅行用ボトルもつくった。ルネ・グリュオーが考えた宣伝文句によると、「なにより爽やかに、なによりディオールを。クリスチャン・ディオールの『フレッシュ』オーデコロン登場」。印刷物の差し込み広告に、グリュオーは後向きのデッキチェアと、そのそばに水のボトルではなく「オー・フレッシュ」のボトルを描き、スポーツマンの世界の印象を変えた。ストライプ、デッキチェア、はっきりした色あいが爽やかさを印象づけた。クリスチャン・ディオールはみずからその爽やかな印象をまとい、男たちにも爽やかであれと背中を押した。

クリスチャンは、かつてない流行の先駆者だった。「ニュールック」とは対照的に、ボリュームも、絞ったウェストもなくし、Hラインとよばれた「アリコ・ヴェール」はさらに彼の評判を高めた。ディオールの名声はとどまるところを知らず、「タイム」誌はまもなく、クチュリエとして初めて彼を表紙に載せた。当時のディオール社はフランスファッションの輸出高の半分以上をしめた。

一九五六年に出た四番目の香水は、おそらくもっともクリスチャン・ディオールの思い入れの深い、彼らしいものだろう。大好きなスズランをただ一輪挿しに活けたような香りだった。クリスチャンは縁起をかつぎ、ショーの日には出品するドレスの裾の内側にスズランを縫いつけさせ、自分のボタンホールにもいつも差していた。ディオールから三度目の注文を受けたルドニツカが考えだしたのは「ディオリッシモ」だった。摘んだばかりのスズランの香りにイランイランとジャスミンが混じっていた。ルドニツカの腕はますます冴えわたり、スズランのエッセンスは原料として入っていなかった。ローズやジャスミンのエッセンスやアブソリュートは一二種類くらいふくまれていたが、スズランはなかった。ルドニツカのもくろみがあたり、自然よりもほんとうらしくなったのは見事な力量というほかなかった。

クリスチャンは今回もやはりボトルに芸術性を求めた。ヴェルサイユのマリー＝アントワネットの部屋の枝付き大燭台にインスピレーションをえて、みずからボトルをデザインした。バカラのクリスタル製の限定版ボトルには、純金張りの花を咲かせたキャップをつけた。

一九五七年、ディオリッシモはあっというまにヒットした。エドモン・ルドニツカは、クリスチャン・ディオールが「モンテーニュ通りの店にこの香水がならべられ、パリ中の人がつめかけるのを見て喜びにひたった」と述べた。これが彼の味わった最後の喜びとなった。

疲労を感じるようになったディオールは、つぎのファッションショーにうってでる前の同年九月、トスカーナに行って休養することにした。すでに二度、心臓の不調を感じていたが、誰にも言おうとしなかった。美食に明け暮れていたので、モンテカティーニで湯治をし、肝臓を休めて少し減量するつもりでいた。それは、新しい「愛人」である若手歌手ジャック・ベニータの歓心を買うためだと噂されていた。出発前クリスチャンは、ベニータが舞台に立つシュジー・ソリドルというキャバレーに席をとり、レイモンド・ゼナケルをはじめとする店の女性幹部とともに足を運んだ。クリスチャンはベニータをほめたたえ、イタリアから帰ったら歌手としての今後について考えようと約束した。浮かれたクリスチャンはシャンゼリゼの真ん中でダンスのステップをひとしきり踏んだ。数週間後の一九五七年一〇月二三日、イタリアのホテルの部屋で、心臓発作で倒れ、急死した。五二歳だった。

ディオールの後は、うら若いアシスタント、イヴ・サン＝ローランが継ぐことになった。最後となったコレクション、「スピンドル」をディオールはサン＝ローランとともに考案していた。

ディオール亡き後もさまざまな香りが誕生した。「ミスディオール」、「アン・キュイル・ディオール」を手がけたポール・ヴァシェは一九六三年に「ディオールリング」を創作した。それはヴァシェにつきつけられた課題だった。「オー・フレッシュ」の鮮烈さとは対照的で、「ディオラマ」の抽象性とまさに対をなす香りだった。ヴァシェはベルガモット、ジャスミン、パチュリを組み合わせた。クリスチャンとエフトレル＝ルイシュが他界してもなお、最高級ブランド、ディオールの伝統は受け継がれた。デザイン部門の指揮はエフトレル＝ルイシュの未亡人、ジャニーヌが引き継いだ。フェルナン・ゲリー＝コラスが平たい形のアンフォラ型ボトルを考案し、宣伝はルネ・グリュオーが担当した。「オー・ソヴァージュ」は一九六六年に登場した。香りだけでなく美的な意味で革命的な、簡潔な組成の香水だった。エドモン・ルドニツカは柑橘類のまじった伝統的な清涼感を見直し、それまでになかった新鮮な形を創りだした。香り高いシトラスノートを形成するカラブリア産ベルガモット、ヘディオン、ヴォクリューズのラヴェンダー、そしてシプレアコードで構成されていた。最初は「クリユブ」、つぎに「ファヴォリ」と名づけられた「オー・ソヴァージュ」は目に鮮やかで斬新な広告キャンペーンをおこなった。ルネ・グリュオーの絵は、キスマークをつけた顔や浴室で身づくろいをする姿など、男のふだんの生活を切りとったものだった。ウィスキーのグラスを傾けるように、「オー・ソヴァージュ」の緑のボトルを手にソファでくつろぐ男の絵もあった。ありのままの姿がユーモラスに描かれていた。「オー・ソヴァージュ」は当時の大物といわれる男たちに代表される、いかにも男っぽいイメージを遠ざけた。五月革命の起きた一九六八年の二年前に、この香水は若者の期待とぴったり歩調を合わせたゆるやかな反抗の気分を表現したのである。そしてディオールは、石鹸、アフターシェーヴローション、シェーヴィングクリーム、デオドラント、タルカムパウダーなど、男性用香料として初めて関連製品を幅広く展開した。売れることまちがいなしだった！

ボトルは男性用香水のモデルとなるものだった。デザイナーのピエール・キャマンは女性らしさと男性らしさをおりまぜた。斜めの波模様はドレープをよせた布のようであり、銀色の帯は大きなバックルのベルトをしめたかのようだった。さらにキャップは指ぬきを模したものだった。このユニセックスな発想の融合は、香りの組成と見事に一致していた。

古典的香水となった「オー・ソヴァージュ」は世代を超えて愛用され、数奇な運命をたどった。一九八五年、ドミニク・イッセルマンは「オー・ソヴァージュ」の素晴らしさを写真で表現した最初のフォトグラファーとなった。ワールドカップで優勝した一年後、ジネディーヌ・ジダンが「オー・ソヴァージュ」の広告モデルとなったのである。笑った顔を半分隠している写真だった。二〇〇一年にはイタリアのユーゴ・プラットの漫画のキャラクター、コルト・マルテーゼが同じ構図で登場した。さらに二〇〇九年、映画「太陽が知っている」のアラン・ドロンに白羽の矢がたった。ジャック・ドゥレー監督のこの映画の場面がスポット広告に使われた。二〇一二年、フランソワ・ドゥマシーが「オー・ソヴァージュ・パルファン」を考案してこの香水の伝説をしめくくった。シトラス、ウッディ、アンバーのアコードが強く主張する、香跡のはっきりした香水だった。

一九七二年、エドモン・ルドニツカが復帰し、「ディオレラ」を創った。メゾンディオール初の軽やかなフルーティフローラルで、ベースノートはスイカズラ、シトロン、ピーチ、ベチバーだった。「ディオレラ」はたがいに反発しあう力をおだやかに遊ばせた、不思議にリアリズムに満ちた香りだった。ウッディ、ナチュラルフローラル系の香りが感じとれる一方、全体的な印象は抽象的なのだ。空中に広がるフルーティな香りには柑橘類の鋭い切りこみが入っている。「ディオレラ」のパルファン版を考えたのは、ボトル作家であると同時にさまざまな面でデザインを担当したセルジュ・マンソーだった。

またしてもルネ・グリュオーはこの香水にインスピレーションを受け、ブルネット娘の非常にしゃれたポートレートを広告に描いた。彼のイラストをジャン＝クリストフ・アヴェルティが動画にし、クリスチャン・ディオール・パルファンの広告フィルムとして初めてテレビで流れた。

一九七九年、「ディオレッセンス」というフレグランス（シナモン、パチュリ、ゼラニウム、ベチバー）は、初のオリエンタル系で、心をとろかすような香りだった。アーティストのギ・ロベールにあたえられた指示は思いがけないもので、まさに挑戦的だった。アニマルノートのディオール香水、あくまで官能的な「野性的」香りを創るように、と命じられたのである。

一九八〇年に発表されたのは二番目の男性用香水、「ジュール」だった。ジャン・マルテルがアスリートたちのために創りあげた、きりりと爽やかで型破りな香りだった。昔ながらの男っぽさ、ポマードで髪をなでつけ、レザージャケットを着るようなきざな男をどことなく想定していた。ラヴェンダー、シダーウッド、オークモスが組み合わされていた。

そして一九八五年の「ポワゾン」は、宣伝広告に猫のようにしなやかで暗いイメージをうち出した。「ポワゾン」は「ワーキングガール」たちに、存在感をアピールし、悩ましい魅力をふりまく可能性をあたえた。

今や香水部門の采配はモーリス・ロジェがふることになった。「ポワゾン」を企画したのはグラースの調香師エドゥアール・フレシエで、フルーティノートをもつオリエンタルな香りを創った。挑戦的で大胆であろうとする香りがアメジストのような紫色のボトルにおさまった。一九八五年九月、象徴的なミューズ、イザベル・アジャーニを起用し、ヴォー＝ル＝ヴィコント城で開かれた記念パーティでお披露目となった。さらにクロード・シャブロルが広告フィルムを制作した。ポワゾンは非常に官能的な香りだったので、アメリカのレストランではこの香水をつけている客を断り、「ノースモーキング、ノーポワゾン」という貼り紙を出した店もあった。さらに香りを濃厚にした「イプノティック・ポワゾン」は情熱的な赤のボトル入りで売り出された。ジャン＝バティスト・モンディーノはミラ・ジョヴォヴィッチを起用して広告フィルムを制作した。

モーリス・ロジェにとって出だしは好調といったところだった。しかしその勢いが続くかどうかが問題だった。ジャン＝ルイ・シュザックの手による男性用の「ファーレンハイト」が次なる一弾だった。ヴァニラ、レザー、スミレでアクセントをつけたオリエンタル系だった。デヴィッド・リンチがスポット広告を制作した。二〇一一年、フランソワ・ドゥマシーはレザーノートと清涼感という二つの要素を選び、反転させて「アクアファーレンハイト」を生み出した。最初のシトラス系が強く迫ってくる動的な香りだった。

一九九一年は「デューン」の年で、ジャン＝ルイ・シュザックがディオールのために創作した二番目の香水だった。マンダリンの香るオセアニックフローラルで、シャクヤクとヴァニラのアコードだった。アーティストのヴェロニック・モノがあたたかみのある、大胆な切りこみのボトルをデザインした。発表会場となったヴォー＝ル＝ヴィコント城は、波音が遠くで響きサンゴ礁が広がるシュールレアリスティックな夢へのいざないの場と化した。

新しくアートディレクターになったイタリア人のジャンフランコ・フェレの後ろ盾を受け、「ドルチェ・ヴィータ」は一九九五年に日の目を見た。フルーティフローラルノートの非常に女性らしいフレグランスで、シダーウッドが引き立て役をつとめていた。ピエール・ブルドンが、イタリア風に生きる喜びを香りで表現したものだった。セルジュ・マンソーの手による、遊び心のある見事なボトルは、所々円形に削り取られており、ネックの部分は輪がいくつも重ねられていた。金の水玉模様を散らしたサフラン・イエローの箱は、アール・フォラン（縁日）美術館で発表されたこの楽しい香水の奇抜さをそのまま表していた。「ドルチェ・ヴィータ」は早々に人気が出た。

一九九九年の「ジャドール」という新しいディオールのヒット作を創ったのは女性だった。カリス・ベッカーが、イランイラン、ダマスクローズ、ジャスミンをベースに、チュベローズ、オレンジフラワー、ヴァニラ、トンカビーンを組み合わせて創作した。（エルヴェ・ヴァン・デル・ストラッテンがデザインした）金色のしずくの形のボトルに、香水の名前は記されなかった。二〇〇四年から、女優のシャーリーズ・セロンがミューズになった。ヴェルサイユ宮殿の「鏡の間」で撮影されたテレビのスポット広告では、戦慄が走るような美しさをみせた。

「ジャドール」は数年で売上高が世界最高の香水となり、シャネルNo.5にとってかわり、ゲランやランコムを堂々と追い抜いた。LVMHも大いに潤う売り上げだった。さらに二〇〇七年、「ジャドール・アプソリュ」へと進化し、二〇一〇年にはフランソワ・ドゥマシーが洗練された輝きをくわえ、「ジャドール・ロー」を生みだした。トップノートからベースノートまできらめきつづける豪華なフローラルだった。

二〇〇一年、ディオールはそれまでの化粧品とはまったく別のラインとして口紅の新製品を発表した。「ディオールアディクト」は喜び、強い感動、依存といった概念をつやのある多彩な色に託した。

二〇〇二年、ティエリー・ワッサーはその流れを受け、ホワイトムスクとシダーウッドノートをベースにしたフローラルブーケ、「ディオールアディクト」を創った。いきなり華麗にひろがる、絹を思わせるような香りだった。

二〇〇五年にはオリヴィエ・ポルジュの秀作、「ディオール・オム」が誕生した。ヴォークルーズ産ラヴェンダー、トスカーナ産イリス、ハイチ産ベチバーで構成されたウッディな香りだった。ロバート・パティンソンをモデルに起用し、二〇〇七年に「ディオール・オム・アンタンス」、二〇〇八年に「ディオール・オム・スポーツ」、二〇一三年に「ディオール・オム・コロン」が発売された。

二〇一五年、ジョニー・デップがディオールの男性用新製品のプロモーションの顔となった。新鮮かつ繊細な香り、「ソヴァージュ」だ。ディオールの調香師、フランソワ・ドゥマシーはカラブリアンベルガモットにこだわり、本物の香調を求めた。つぎにシチュアンペッパー（花椒）とピンクペッパーが爽快感をかもし出し、最後にウッディノートがしめくくる。「オー・ソヴァージュ」を彷彿させるベルガモットの存在感によって同系列にくくられるものの、それだけが唯一の共通点である。「ソヴァージュ」はアンバーノートを多用して力強さと現代性を印象づけた正真正銘の創作なのだ。

とはいえディオールの香水はすべてどこかでつながっている。赤い糸によって。どの香りもフローラルな香調をもっている。その強い個性によって他と一線を画す、ディオールならではの構造だ。今まさに、コクトーの言葉どおり、Dior は Dieu（神）と Or（黄金）でできた魔法の名前となっている。

天才的建築家、途方もない才能のクチュリエ、多方面の先駆者だったクリスチャン・ディオールが栄光に輝いたのはたった一〇年間だった。彼の生涯は友情と芸術と花々に育まれた。世界中に名香を広めるために使った花々は、子ども時代をすごしたグランヴィルの庭の思い出を甦らせた。「天使たちに新しい服を着せるために神様に召された」のだという人もいる。天上のブランド、ディオールは、今なお世界の最高級ブランドでありつづけている。

＊1　「フランス六人組」は、一九一六～二三年にかけて活動した作曲家のグループ。ジョルジュ・オーリック、ルイ・デュレ、アルテュール・オネゲル、ダリウス・ミヨー、フランシス・プーランク、紅一点のジェルメーヌ・タイユフェール。エリック・サティやコクトーの影響も強く、印象派やワーグナー主義に対抗した。

第11章　ニナ・リッチのレールデュタン

一九四八年、シモーヌ・ド・ボーヴォワールが『第二の性』を世に問い、女性という性の存在を主張し、女性が疎外されていることを糾弾した頃、ロベール・リッチは香水の創造が、「それをまとう女性を引き立てる、真の愛あるいは想像上の愛の行為」だと考えていた。矛盾に満ちた時代だった。人々は、戦争中の暗い日々を忘れ去り、軽やかで気ままな雰囲気をとりもどそうとしていた。

ロベールは一九三二年に母と共同で注文服店を開いた。すべてのクチュリエと同じく、リッチ母子も売り出しのファッションに合う香水を必要とした。しかし、ロベールがメゾンの事業を多角化しようと考えたのは一九四六年のことだった。リッチの初めての香水はジェルメーヌ・スリエが手がけた「クールジョワ」だった。スリエは女性初の調香師と評判だった。彼女はかなり問題のある性格だったと見え、ルール社では他の同僚から隔離しなければならなかった。人を見下すようなその態度から、

「ブロンドのアルレッティ」というあだ名がついた。「クールジョワ」はフローラル系で、フルーティなトップノートはネロリとベルガモットを基調にしており、ミドルノートはイリス、スミレ、ジャスミン、ローズによって華やかに広がった。ハート型のボトルは、マルク・ラリックがクリスチャン・ベラールのデッサンをもとにデザインした。マルクはラリック社の創業者の息子でロベールの幼友だちだった。この小手調べがまもなくつぎの大成功につながった。「レールデュタン」はニナ・リッチの名を不動のものにした。

子ども時代からニナとよばれていたマリア・アデライデ・ニエリは、一八八三年一月一四日、イタリアのトリノで生まれた。父親は靴職人で、一家は一八九〇年にイタリアを離れ、モンテカルロに引っ越した。靴職人の父は地中海沿岸の高級店専属の靴職人になることもなく、一八九五年に亡くなった。ニナはたった一二歳で働きに出なければならず、注文服店に見習いで入った。彼女はその店で、まだ子どもだというのに豊かな創造性を発揮した。しかし彼女はそこで満足しなかった。

ニナの姉は、パリのモンマルトルの小路で裁縫材料店を営んでいた。二年後、ニナはこの姉のところに行く決心をした。一四歳のニナは注文服店、「ブロック・エ・バクリー」でやはり見習いのお針子となり、裁縫の極意をしっかり身につけた。才能にあふれたニナは、たちまち一八歳で工房きってのお針子となり、四年後にモデリストになった。しかし彼女は「ブロック・エ・バクリー」を辞め、トロンシェ通りとマドレーヌ広場の角にあるメゾン、「ア・ラ・ルリジューズ」に移ることにした。

フィレンツェの宝石商の息子ルイジ・リッチはパリに寄った際、ニナに出会い、恋に落ちた。二人は相思相愛の仲となった。ルイジはイタリアを離れ、彼女と一緒に暮らすことに決めた。息子のロベールが一九〇五年に生まれた。夫婦のあいだにはすでに秋風がたちはじめており、子はかすがいともならなかった。ルイジが一九〇九年に他界したとき、ニナは「ラファン」で仕事をつづけていた。「ラファン」にはその前年に入っており、当時は「マドレーヌ・ヴィオネ」におとらぬ評判の店だった。ニナは二五年間ラファンと共同で仕事し、ラファン・エ・リッチ社を創立することになる。彼女は数々の型紙を創り出し、それらはフランス中に広まった。

一九一六年、ニナはガストン・モレルと再婚した。モレルはブルターニュ地方のプルジャン出身で、競馬とヨットが大好きだったが、破産していた。ニナは金持ちになり、アメリカ車を乗り回し、パリとドーヴィルを往復する生活だった。美しいニナは職人や顧客からも慕われていた。だが不幸なことに、一九二九年の世界恐慌がその運命を変えた。アメリカ人の顧客は嘘のように姿を消し、ラファンが他界した。ニナは一人で仕事を切り盛りしつづけたが、別の道を考えねばならない時がくるだろうと思っていた。

彼女は息子ロベールに背中を押され、一九三二年にみずからのメゾンを創業した。二六歳のロベールは非常に頭が切れ、広告関係の仕事をしており、ラクロワ兄弟、ジェルメーヌ・イルシュフェルド、コゼット・アルクールとともにステュディオ・アルクールを共同で設立していた。ロベールは母親を説得し、カプシーヌ通り二〇番地のアパルトマンに引っ越しさせ、まったく新しい注文服店の経営をはじめた。開店するや店は繁盛しはじめた。

一九三〇年代はギャルソンヌ・ルック、パンタロン、ショートカットが全盛の時代だったが、ニナ・リッチは女性らしさ、ロマンティシズム、優雅さをアピールした。彼女はモデルの体に直接布を当ててドレスの型を創った。生地は贅沢なもので、エレガントであかぬけた着こなしをする女性たちにふさわしかった。ニナ・リッチの顧客にスターはいなかったが、彼女の技術、手頃な価格、ひかえ目な性格が気に入られ、パリの無名のブルジョワジーがひいきにした。

まもなくニナはサロンやアトリエを拡張する必要に迫られ、メゾンはもはや三つの建物を占有するようになった。彼女は約一二のアトリエで二〇〇名近くの職人を雇っていた。会社の規模がそれだけあることはニナ・リッチに重要な切り札をあたえた。ニナの服は同業者のスキャパレリと比べて三倍安いということだった。ロベールは手堅い経営をおこない、メゾンは一九三六年の社会的危機もぶじのりこえた。そして一九四一年、母ニナ・リッチは息子に資本の半分を譲った。

それ以降、ニナはマルソー通りの豪華なアパルトマンに住んだ。アイボリーのクレープ生地の長いパンタロンをはいてそろいのターバンを巻き、髪をブロンドに染めた姿から、「ダム・ブランシュ(白い貴婦人)」なるあだ名がついた。彼女は今や、シュジー・ドレール、ギャビー・モルレーといった当代一のスターたちだけでなく、ミシュリーヌ・プレールやダニエル・ダリューといった若手女優たちの服も創っていた。

ニナの作品はシンプルでなじみやすかった。簡素でどんな女性にも着心地の良いスタイルを貫きながらも、ドレープやデコルテを上手にとりいれた。ギャルソンヌ・ルックは時代遅れになり、女性らしい自然な形をうち消すのではなく、むしろ前面に出すようになった。ニナはボレロを好み、軽快なエレガンスをもつクレープやモスリンを使った。

第二次世界大戦が勃発し、オートクチュールにとって厳しい時代になった。ドイツ軍はオートクチュールを手中におさめようとしたが、クチュリエのリュシアン・ルロンとロベール・リッチが毅然とした態度でのぞみ、そのお蔭でパリの服飾業界は自立を保った。グレやバレンシアガが一九四四年に店をたたんだのに対し、ニナ・リッチは営業をつづけた。自転車に乗る人が多かったので、ニナは短いスカートや、足をぴったり覆うフェルトのゲートルを考え出した。手の甲に小さなポケットがあって、メトロのチケットが入れられるようになっている手袋まで考案した。

戦争が終わった。戦争で被害を受けた人々を援助する必要が生じ、フランス互助会会長のルネ・ドートリーが友人のロベール・リッチに声をかけた。そこでロベールは母親と一緒に、目新しいイベントを考え出した。それは「ル・テアトル・ド・ラ・モード」というもので、ルーヴル宮のパヴィヨン・ド・マルサンにパリのファッションのミニ博物館を創ろうというわけだった。四〇人の一流クチュリエが結集した。入場券の売り上げはフランスの連帯組織への寄付にあてられた。七〇センチの小さな人形ひとつひとつのために、ピカソの愛人が石膏で頭部を彫った。クリスチャン・ベラールは舞台美術を担当し、パリの各グランドメゾンが所定の舞台装置に人形を配置した。開会式のおこなわれた一九四五年三月二七日にはパリ中が熱狂した。フランスのファッションは戦時中でもその素晴らしさをまったく失っていなかった。そして世界中がそれを知ることになる。というのも「ル・テアトル・ド・ラ・モード」はロンドン、バルセロナ、コペンハーゲン、ストックホルム、ニューヨークでも展示されたからである。この成功の立役者、メゾン・リッチの声名はますます上がった。

一九四六年、ロベール・リッチは香水業界にのりこむ決意を固めた。リッチの名を世間一般に広めたい気もちもあった。「オートクチュールはまだ少数の人だけに許された夢だが、香水はだれでも手に入れることができる」と彼は言った。「クールジョワ」は好評だったが、ニナ・リッチブランドの代表作とはならないと思われた。もっと高い目標を狙わねばならなかった。軽やかさと爽やかさの要求にこたえることだ。第二次世界大戦下の窮乏生活をくぐりぬけた女性たちが欲しているのはまさにそれだった。今こそモスリンのような感触を香りにおいて実現しなければならない。レールデュタン(時の流れ)という親しみやすい名前は、今吸い込んでいる空気、時代の気分、現代性、人生の一瞬一瞬を心おきなく生きる意志を連想させた。またそれはニナ・リッチの洗練と繊細さを表現してもいた。

この軽い香水はグラースのルール社の「鼻《ネ》(調香師)」の一人、フランシス・ファブロンが開発した。その後つぎつぎと多くの香水が誕生するきっかけになった。ローズとジャスミンの繊細なブーケを含む、カーネーションとガルデニアの絶妙のアコードが見事にあたった。

フランシス・ファブロンはトップノートにベルガモット、ローズウッド、カーネーションを選んだ。ミドルノートはジャスミン、スミレ、イリス、ベースノートはシダーウッド、サンダルウッド、ムスク、アンバーがふくまれていた。サリチル酸ベンジルという合成素材をくわえることで香り全体が丸くなり、ブーケが華やかに広がった。ロベール・リッチは、「繊細で若々しくロマンティックで官能的なレールデュタンは、トップノートからベースノートにいたるまで一貫して均整の取れた、生き生きした香りだ。不思議な魅力を放っている」と述べている。女性らしさと欲望と気楽さを同時に表現したフレグランスだった。

しかし当時ロベール・リッチが述べていたように、「香水はひとつの芸術であり、その入れ物はひとつの傑作、職人の逸品でなければならない！」。オリジナルボトルはスペインの彫刻家、ジョアン・レブルがデザインした。楕円形の太陽に光線が彫り込まれたデザインで、クリスタル製だった。キャップには一羽の鳩が彫られていた。光、太陽、鳩といった、クリエイターたちの念頭にあったシンボルがすでに表現されていた。二羽の鳩のキャップがついた有名なボトルが創られたのは一九五一年だった。「クールジョワ」のボトルを担当したマルク・ラリックがふたたびデザインを手がけ、二羽の鳩がクリスタルのつむじ風の上にとまった。愛情とやさしさ、平和と永遠の若さを象徴したロマンティックなボトルだった。純白の鳩たちがやさしく封印をしているような気がした。

ロシア出身のフランスの画家、ディミトリ・ブシェーヌに、ボトルをおさめる箱のデザインが任された。彼の洗練された水彩画は一九六〇年代までもちいられた。一九五五年、アンディ・ウォーホルが、花と蝶と小天使がたわむれるウィンドーディスプレイをデザインし、「レールデュタン」を演出した。そして一九七〇年代、ロベール・リッチは写真家のデヴィッド・ハミルトンに出会う。飛び立つ鳩たちの真ん中にいる、麦わら帽子の花咲く乙女たちの写真は、現実離れしたこの香りにふさわしい雰囲気をかもしだした。

この新作のボトルになってから、レールデュタンはヒットしつづけている。世界のどこかで五秒に一個の割合で売れている。ダイアナ妃が愛用し、スペインのソフィー王妃もいつもつけているという。一九五四年、ニナ・リッチはあらゆる分野で成功していた。注文服の得意客をしっかりつかみ、香水事業は拡大の一途をたどっていた。二年前には「フィーユ・デヴ（イヴの娘）」という新たな香水が創られていた。ローズ、ジャスミン、ムスクをベースに、ふんわりしたシプレフローラルで、禁じられた果実を想起させる甘美な感じのリンゴ型のラリックのボトルにおさまっていた。

今やニナ・リッチはベルギー人の才能豊かなスティリスト、ジュール＝フランソワ・クラエが頼りだった。クラエは一九五九年にリッチのもとでコレクションを初めて発表し、アメリカのメディアを熱狂させた。彼の「クロッカス」コレクションのスーツはファッション史に残る作品であり、クラウディア・カルディナーレが着用してカメラマンの前でポーズをとった。「ドラジェ」スーツもまもなくそれにおとらぬ称賛をあび、フランソワーズ・サガンはガイ・シェーラーとの結婚式でこのスーツを着た。

ニナ・リッチはファッション小物も展開し、ジャクリーヌ・ケネディが四角いフレームのサングラスを気どってかけた。ニナ・リッチブランドはアメリカで大人気だった。そのロマンティックな雰囲気が好評で、ウェディングドレスといえばニナ・リッチ、といわれるほどだった。

新しい香水、「カプリッチ」は一九六一年に誕生した。今回もシプレフローラルで、ローズとジャスミンを基調としていた。イヴニングドレスに似合う、官能的な香りだった。しかしジュール＝フランソワ・クラエは一九六三年にニナ・リッチを去り、ランバンにうつった。リッチにとっては打撃であり、オートクチュールは下火となり、香水にその座を譲ることになる。

一九六三年から二〇〇二年にかけて、才能豊かなクチュリエ、ジェラール・ピパールが新作コレクションを発表し、ニナ・リッチブランドを維持しつづけた。「マドモアゼル・リッチ」は一九六七年に発表された。ムスクをベースとして、エグランティン（野バラ）、センティフォリア・ローズ、ローリエ・ローズ、ポワヴル・ローズを組み合わせたローズのシンフォニーというべき香りで、中身に合わせたローズ色のボトルにおさめられると、やや凝りすぎの感があった。

その後、ニナ・リッチはパリのアパルトマンとブルターニュのドサンの別荘を往復する生活をつづけた。一九七〇年一一月三〇日、ニナ・リッチはひっそりと亡くなり、フォンテーヌブロー近くのクランスに葬られた。

一九七〇年、メゾン・リッチはパリの「ゴールデントライアングル」内に位置する、フランソワ一世通りとモンテーニュ通りの角に店をかまえた。

ニナ亡き後も新しい香水がつぎつぎと登場した。一九七四年の「ファルシュ」はローズ、カーネーション、ピーチ、ベルガモットを基調にしたフローラルで、ベースノートはサンダルウッドとベチバーが組み合わされていた。さらに、一九六四年に出したリッチ初の男性用香水「シニョリッチ」が復活した。オリジナルの香りはそれほど好評ではなかったので、「シニョリッチ2」とよばれる復刻版だけが生き残ることになる。この新しい「シニョリッチ」はマンダリン、ラヴェンダー、クラリセージ、プチグレン（ビガラードあるいはビターオレンジ）、オークモス、さらにいくつかの外国の銘木が組み合わされていた。

ロベール・リッチは母親に変わらぬ敬意を表し、一九八七年にクリスチャン・ヴァキアーノに調香させ、「ニナ」を創った。バジル、ベルガモット、カシスの気配とともに始まり、イリス、ローズ、ミモザ、ジャスミン、イランイランのミドルノートで花開き、モス、シベット、ムスク、パチュリ、サンダルウッドでしめくくる香りだった。ボトルはマリー＝クロード・ラリックがデザインした。オリジナル版に強いインスピレーションを受けたオリヴィエ・クレスプが新しいヴァージョンを二〇〇六年に創りあげ、「フィーユ・デヴ」を思い出させるリンゴ型のボトルで売り出された。

一九八八年にロベール・リッチが亡くなった後の一九九〇年代、婿のジル・フックスが後を継ぎ、つぎつぎと香水が登場した。一九九五年のとてもフルーティな「ドゥシ・ドゥラ」、スティリストのエリザベト・ガルストがボトルと包装をデザインした、一九九七年のやはりフルーティな「レ・ベル・ド・リッチ」、柑橘類とウッディベースが混じり合う、官能的でフローラルな一九九八年の「レ・ベル・ド・ミニュイ」、マンダリン、ラン、ガルデニア、ヴァニラ、サンダルウッド、ホワイトムスクが組み合わされたフルーティフローラルな二〇〇一年の「プルミエ・ジュール」である。

ニナ・リッチは二〇〇〇年にスペインのグループ企業PUIG（プーチ）社に買収され、二〇〇九年にはイギリス人スティリスト、ピーター・コッピングがアートディレクターに就任した。

大部分の香水は生き残ったが、廃版となったものもあった。「レールデュタン」はどうにか存続している。二〇一〇年にデザイナーのフィリップ・スタルクが、すりガラスの鳩の姿を変え、ボトルのデザインを一新した。この香りを愛用してきたスタルクが初めてデザインを手がけた香水ボトルとなった。一〇月一四日付の「フィガロ」紙で、「私は古い香りを好まない。新しい香りも好まない。永遠の香りが好きだ。レールデュタンはその最たるものだ」と述べている。

長いあいだにさまざまな変更をくわえられ、六〇周年の時はオートクチュールの羽のドレスまでまとってきたレールデュタンだが、ファンの想像力にうったえかけてきたのはまさにこの鳩のとまったボトルだった。一九九九年には二〇世紀を代表するボトルと認められた。レールデュタンとは時を超える香りの魔法のことかもしれない。

第12章　ユベール・ド・ジバンシーのランテルディ

ランテルディにはいつまでも語り継がれる伝説がある。一九五四年にユベール・ド・ジバンシーが女優オードリー・ヘップバーンのためにこの香水を創った。当時、ヘップバーンがジバンシーに、自分に捧げられたこの香水の商品化を「禁じた（アンテルディ）」ことからランテルディ（禁止）という名がつき、発売が一九五七年に延びたのだとまことしやかにささやかれた。ジバンシーは二〇〇七年九月六日付「レクスプレス」のインタビューで、きちんと真相を語った。これは根も葉もない噂であり、ほんとうのところはもっと単純だという。「なにかを禁止すると子どもはすぐにやりたがることを思い浮かべたのです。ですから『禁止』と名づけてみようと」。オードリー・ヘップバーンはそれでもミューズとなり、広告ポスターのモデルをつとめ、香水の歴史でモデルを引き受けた最初のスターになった。

ユベール・タファン・ド・ジバンシーは一九二七年二月二〇日にボーヴェで生まれた。父親は侯爵で、ヴェネツィアの貴族に連なる家系でフランスの古い家柄でもあった。ユベールが二歳のとき父親が亡くなった。ユベールと兄のジャン＝クロードは母親のベアトリスとおばのエメに育てられた。ユベールがさまざまな生地に興味をもつようになったのは、先祖の屋根裏部屋で目を見張るような衣装のコレクションを見つけたときだった。優美な若い未亡人だった母親が布地を求めに出かけるとき、彼はついていくのが大好きだった。「七歳のとき、わたしは母親のために初めてドレスのデザインをした」と述懐している。

このファッションへの興味は、いつまでもなくならなかった。ユベールは母や従姉妹たちが買った女性誌をむさぼるように眺めた。早くも一人のクチュリエに彼は夢中になった。バレンシアガである。しかし彼がほんとうに天職にめざめたのは、一九三七年のパリ万国博覧会でファッション関係の展示場を見学したときだった。シャネル、マダム・グレ、ジャンヌ・ランバン、エルザ・スキャパレリのドレスが展示されていたのだ。もはや迷うことなく、クチュリエになるしかないとユベールは思った。家族はあまり喜ばなかった。とりあえず、バカロレアに合格しなければならなかった！　彼は法律の勉強をはじめ、公証人の所で見習いになった。とはいえ彼は非常に不満だった。戦争が終わった一九四五年、学業と煩雑な書類に取り組む日々に戻るなどもうまっぴらだった。ユベールは夢を実現し、クチュリエになろうと決心した。後見人のジャック・バダンは、まったく儲からない職業であるし、父親が生きていたら決して許さないだろうと言い、思いとどまらせようとした。その忠告も頑として受け入れず、ユベールはあこがれつづけた（「十年来の心の拠りどころ」）クリストバル・バレンシアガに会おうと決めた。

一八歳のユベール・ド・ジバンシーはたいへんな美青年だった。二メートルを超える長身の、エレガンスと気品にあふれた御曹司で、貴族そのものだった。彼のモットーは「エレガンスの秘密は自分らしさをもつこと」だった。この言葉こそ彼の人となりをよく表している。ユベールは自信をもってバレンシアガに会いに行ったが、面会を断られた。彼はひどく落胆した。幸い、一人の友人がジャック・ファトに会う約束をとりつけてくれた。

一九四五年初め、ジャック・ファトはオートクチュールの若手を代表する一人だった。リタ・ヘイワースやマリー＝ロール・ド・ノアイユのドレスをデザインしていた。彼のディテールへのこだわりは後に続く多くの者の模範となった。面談当日、ファトはユベール・ド・ジバンシーを長々と待たせた（ユベールはもう少しで帰るところだった）が、会って五分もたたないうちにユベールのデッサンを評価し、才能を見ぬいた。ファトはその場でユベールを採用した。

ユベールはしばらくのあいだ、ジャック・ファトのもとで働きながらボーザール（国立高等美術学校）で勉強し、デッサンの腕を磨いた。しかしすずめの涙ほどの給料しかもらえず、すぐに別の働き口をさがさねばならなかった。

ロベール・ピゲの店でしばらく働いた後、一九四六年にはリュシアン・ルロンのもとで働くことになった。ルロンのメゾンは二度の大戦の間に大きく成長した。そこでユベールは、自分のメゾンを創立するために辞めたピエール・バルマンやクリスチャン・ディオールの後を引き継いだ。ルロンの店ではたくさん勉強させてもらったとユベールは認めているものの、何といっても二〇〇〇人の職人をかかえる喧騒に満ちた大所帯だった！　その時、友人の図案家、ルネ・グリュオーがエルザ・スキャパレリに紹介しようといってきた。

ちょうど「スキャップ」がモデリストを探していた。型破りなスキャパレリは若いジバンシーに大きな影響をあたえた。ヴァンドーム広場の彼女の店でユベールは、オートクチュールの服よりも着やすいジャケット、シャツブラウス、アンサンブルを創った。ある意味、プレタポルテの先がけだった。

エルザ・スキャパレリはこの才能きらめく青年にほれこみ、ベリ通りの豪邸の地下ホールで開いていた「スパゲッティ・パーティ」に誘った。ユベールはそこで作曲家のアンリ・ソーゲ、フランシス・プーランク、ジョルジュ・オーリックに出会った。劇やオペラにも同行した。部下として四年間働いた後、ユベールが独立するときに世話をやいてくれたのもスキャパレリだった。ユベールは母とともに七区のファベール通りに引っ越し、フィリップ・ヴネと「ラブストーリー」を紡いだ。ヴネとの関係は生涯続き、ヴネ自身も自分のメゾンを設立することになった。

一九五二年、ユベール・ド・ジバンシーは機が熟したと感じ、自身のブランドをたちあげた。ピゲやルロンをはじめ、多くのメゾンが閉店し、エルザ・スキャパレリでさえ香水しか取り扱っていなかった。友人たちが資金調達に協力した。モンソー公園に面した豪邸は場所柄も良く門出にふさわしかった。

デビューとなるショーのとき、ユベールは友人たちを招き、モデルを披露した。（パキスタンの王子アリ・カーンと数年後結婚した）ベッティーナ・グラツィアーニ、そして二人のアメリカ人、一九五〇年代のトップモデル、アイヴィ・ニコルソン、モデルで女優だったスージー・パーカーである。

モデルたちは喝采をあびた。とくに、上質のコットンを使い、胸元を大胆にカットし、袖に刺繡したフリルをつけたベッティーナ・ブラウスは絶賛された。コートはシンプルでゆったりしており、コースレット（ボディスーツ）でしめた広いスカートはノースリーブのブラウスに合わせた。

ユベールはすでに、当時のファッション界でもっとも発言力のある二人のジャーナリストに支持されていた。「エル」を創刊した編集長のエレーヌ・ラザレフ、アメリカの雑誌「ハーパーズバザー」のカーメル・スノウである。彼女たちは夢中になって「新しいクチュリエが誕生した」と宣言し、エレーヌ・ラザレフは雑誌の表紙にジバンシーを載せた。

この大成功の後、ユベール・ド・ジバンシーはニューヨークに招待され、フランスの慈善団体のためにウォルドルフで開かれる年一度の舞踏会に参加した。とびきりエレガンスを感じさせる豪華なイヴニングドレスを発表し、称賛をあびた。さらにそこで偶然、かねてより憧れのクリストバル・バレンシアガに会った。やっとのことで、である！　バレンシアガはユベールに、君のように若い人が自分のメゾンをたちあげたのは立派だと思う、とまで言った。この出会いから友情が生まれ、バレンシアガは彼をアトリエに呼んだ。「彼が仕事をするのを見ました。またとない機会でした。彼が生地をピンでとめただけで、魔法のように女性の身体が輪郭を表わすのです。女性の背がまがっていても、彼がちょっと襟を動かすだけできれいなシルエットが完成しました。そんなことができるクチュリエはほかにいませんでしたよ」とユベールは二〇〇七年にレクスプレス誌のインタビューで語っている。

ジバンシー、その名は人々の口の端に上るようになった。そして女優のオードリー・ヘップバーンもまた、フランスで撮影したことがきっかけで彼のスタイルを知り、彼の名を口にした。ヘップバーンはちょうど「麗しのサブリナ」の主役に選ばれたばかりで、今後出演する映画の衣装はすべてユベール・ド・ジバンシーにデザインしてほしいと強く主張した。

二人が顔を合わせたのはジバンシーの店だった。そのとき彼は新しいコレクションのために大忙しだった。「二六歳の若手クチュリエだった当時、ショーを目前にひかえていました。ハリウッド女優が訪ねてくるといわれたので、てっきりキャサリン・ヘップバーンだと思ったのです。やせっぽちで目の大きなあの娘《こ》を見て、最初はあれっと思いました。がっかりしたといってもいいくらい！」

しかしながら若いジバンシーとヘップバーンはすぐに意気投合し、深い友情は彼女が死ぬまで続いた。

ジバンシーは一九五四年にオードリー・ヘップバーンのためにランテルディを創ったが、香水事業に参入することを勧めたのはバレンシアガだった。「保険になるよ」と彼は言った。

香水製造はバレンシアガにかりた建物でひっそりと始まった。メゾン初の二つの香水を創る班は三名で構成されていた。ジバンシーは「ド」と「ランテルディ」という二つの香水を同時に創作した。「馬小屋があったら、少なくとも一頭はゴールにたどり着くように、馬は二頭いるほうがいい」とその時考えた。

エルネスト・シフタンが調香した「ド」（ジバンシー家が貴族の家系であることを示す小辞deから来た名前）は、トップノートがコリアンダーとスズランのアコードからなるフローラルブーケだった。ミドルノートはホワイトジャスミン、茉莉花、ブルガリアンローズを組み合わせていた。ベースノートはインセンス（香《こう》）、ベチバー、サンダルウッドがふくまれていた。ピエール・ディナンがデザインした金色のボトル、さらに波形模様の黄色い箱におさめられたこのフレグランスはエリート主義で、親しい友人や得意客だけに配られた。二〇〇七年、パルファン・ジバンシー設立五〇周年を祝って復刻版が出た。

ランテルディはジバンシーのミューズ、オードリー・ヘップバーンに捧げられた香水である。ヘップバーンは自分の名前を香水につけてすぐ売り出すことを「禁じた」わけではなかった。一九五四年にフランシス・ファブルーがただ彼女のために創ったこの香水が商品化されたのは一九五七年だった。パウダリーでスパイシーなアルデヒドフローラルで、ジャスミン、ピンクペッパー、クローブを基調とした、ややシャネルNo.5の系譜に連なる香りだった。

遊び心とともに官能性ももちあわせていた。危険ではないが、情念をそそる香りだった。なんのそぶりもなく、ロマンティックで古典的な香水のおとなしいイメージを裏切る香水だった。当時の新しいファッション、身体の解放、ジバンシーの創る軽やかなブラウスに通じる活気があった。

トップノートのアルデヒド、ベルガモット、マンダリン、ピーチがフルーティな香調を運んだ。ローズ、オレンジフラワー、ヘディオン、ジョンキル、スイセンがフローラルなミドルノートを形成していた。ベースノートはサンダルウッド、ベンゾイン、シスト、インセンス（香《こう》）、トンカビーン、ベチバーがスパイシーでウッディな香調をかなでた。洗練された構成と、えもいわれぬ女性らしさをそなえていた。

ボトルは角をとって丸くしたガラスの立方体で、キャップの基部は長方形になっていた。透明ガラスの非常にクラシックなボトルが、希少なエッセンスであるかのようにこの香りを守っていた。

「ド」と「ランテルディ」は同じボトルで発売されたが、「ランテルディ」は真紅の箱におさめられた。ジバンシーの香水は、多くのフランス人女性をまたたくまに魅了した。当時、パルファン・ジバンシーはまだ職人仕事に頼っていた。限定販売の二つの香水は、五〇〇個しか製造されなかった。事業拡大の必要が生じた。

香水の名前は、彼女にちなんだものではなかったものの、オードリー・ヘップバーンは世界中に販売を展開するための広告モデルとなることを承諾した。彼女はその美しい横顔を透明なモスリンのヴェールでなかば覆い、有名なアメリカ人写真家、バート・スターンの前でポーズをとった。ランテルディはフランスだけでなくイギリスやアメリカでも大人気だった。ジーン・セバーグ、ウィンザー公爵夫人、若きエリザベス女王がランテルディを身にまとい、ジャクリーヌ・ケネディもその優雅な残り香に夢中になった。

ジバンシーは初めて香水で大きく成功した。ランテルディは二〇〇七年に五〇周年を記念して復刻版が出た。オレンジフラワー、ホワイトローズ、ジャスミンがさらに強調され、奥にひそんだヘリオトロープも加勢して絹のような感触をもたらした。

それまでの間、すでに一九九四年、オリジナルよりさらにフルーティなヴァージョンが若い女性向けに売り出されていた。メロン、ラズベリー、ピーチからなるグルマンノートで、やわらかさと軽やかさがさらにました「フルール・ダンテルディ」という名前だった。艶消しガラスのボトルは裾すぼまりの形で真ん中に花の浮き彫りがほどこされていた。

二年後、ジバンシーは二つの男性用香水、「ベチバー」と「ムッシュー」を発表した。

もともと、「ベチバー」はユベール・ド・ジバンシー個人の香水だった。トップノートにベルガモットのシトラス香、ミドルノートにコリアンダー、ベースノートにサンダルウッドとベチバーを組み合わせた。茶色の箱に入ったすっきりした長方形のボトルはフランス系アルゼンチン人の芸術家、パブロ・レイノソのデザインだった。この香水は廃版となったが、やはり五〇周年を記念して出された一〇の伝説的香水のひとつとして生まれ変わった。

同じ一九五九年、「私とよく似た人たちのために」ジバンシーが手がけた「ムッシュー・ド・ジバンシー」が誕生した。「よく似た人たち」とは教養があり、育ちが良く、抑制のきいたセクシーさをもっている人々のことだった。ほんとうのシックとは他者に対する礼儀正しさ、という主張がこめられていた。

コントラストの強いこの香りは、ベルガモット、シトロン、ライム、プチグレンを組み合わせたシトラス系のトップノート、ラヴェンダー、クラリセージ、バジル、オレンジからなるミドルノートをもっていた。ベースノートはシダーウッドとオークモスによる強いウッディな香調に、ホワイトムスクとシベットがからんでいた。美しいボトルは「ベチバー」と同じだった。この香りもやはり二〇〇七年に復刻版が出た。

売り上げがようやく大幅に伸びたのは一九七〇年の「ジバンシーⅢ」の時である。ジャスミンとヒヤシンスを主軸にした香りだった。香りの「オートクチュール」というべき作品で、ベルガモットとマンダリンをトップノートにすえ、軽やかな香跡を残した。対照的にミドルノートは　ひじょうに華やかで、ジャスミン、ダマスクローズ、スズラン、ヒヤシンスが夏の庭園のような甘いグリーンノートを運んだ。ベースノートのパチュリ、オークモス、アンバーが官能的な香りをくりひろげた。ジバンシーの印である同じ透明ボトルがもちいられたが、今回はGを四つ組み合わせたマークが登場し、後にメゾンのエンブレムとなった。

さらに二つの伝説的香水が登場することになる。一九八四年の「イザティス」は情熱、魅惑、神秘を表現した初めての「フロリエンタル」な香りだった。イリスのパウダリー、クローブのスパイシー、カストリウムの官能が混じり合った香りだった。

そして二つ目の「アマリージュ」は一九九一年に発表された。この名前は「mariage《結婚》」のアナグラムであり、愛の賛歌だった。トップノートにプラム、ピーチ、オレンジフラワー、スミレ、ミドルノートにイランイラン、ジャスミン、チュベローズ、カストリウム、ベースノートにカシュメラン、ムスク、サンダルウッド、ヴァニラを組み合わせた香りはこの独創的で楽しい作品に大きな魅力をあたえた。香水ボトルのデザインの大御所、ピエール・ディナンが、袖に華やかなフリルをつけた、一九五〇年代の「ベッティーナ・ブラウス」にインスパイアされ、ボトルを手がけた。香水の名前にふさわしく、ネックには金の結婚指輪がはめられた。

ジバンシーがこうしたすべての香水を手がける一方で、メゾンの服飾部門は全盛期を迎えていた。一九八二年にニューヨークのファッション・インスティテュートで初めての回顧展が開かれた後、パリのパレ・ガリエラ（モード美術館）はジバンシーに敬意を表し、一九五二年以降の作品を総集して展示した。訪れた人々が目を見張るほど質の高い展覧会だった。

とはいえ時代は変わった。もはやメディア戦略とマーケティングが基本となっていた。それはエレガンスを信条とするクチュリエの感覚とはあいいれなかった。ジバンシーは香水をシャンパンのヴーヴ＝クリコに、服飾部門をルイ・ヴィトンに売り渡さざるをえなくなった。モエ・ヘネシー・ルイ・ヴィトン（ＬＶＭＨ）グループのトップにベルナール・アルノーが就任し、メゾンにおけるユベールの存在感はかき消された。

一九九五年七月一二日、サン＝ローラン、クリスチャン・ラクロワ、ケンゾーをはじめとする多くの弟子たちの前で、ジバンシーの最後のショーが開かれた。有名なファッションジャーナリスト、ジャニー・サメは、「モデルたちの拍手を封じながら、ユベール・ド・ジバンシーはそろいの純白の仕事着を着た大勢の女性をしたがえて登場した。女性たちは百人いた。ジバンシーのチーフデザイナー、アシスタント、職人、お針子たちが偉大なクチュリエ、ジバンシーのために表敬の列をつくった。それは彼とともに消えゆくエレガンスという想念への敬意に他ならなかった。喜びの歌が響きわたり、集まった人々が感にたえたように総立ちになったとき、哀惜の念が突然こみあげた」と「ル・フィガロ」に書いている。

ジバンシーの歴史のページがめくられる時だった。この引退ショーの後、彼は「クチュリエという仕事を愛する気もちに変わりはありませんが、今やわたしの興味は他の方へ向かっています。わたしはつねになにかを学んでいます。わたしは英語をきちんとマスターし、イタリア語を勉強したいのです。イタリアは大好きですから」と、「パリ・マッチ」で語っている。ゆとりのある生活を送り、芸術や造園に心を砕き、飼い犬の世話をし、旅行し、友人たちに会うことが九〇歳を目前にした彼の願いになった。

女性たちが自分のスタイルと個性を表現し、エレガンスをかもしだすのを手伝うことこそ彼の願いだった。そして香水は？「私の香水は服飾デザインの延長であり、ドレスにあたえようとしたエレガンスの到達点です。香水はスタイルの一要素です。私はいつもお客様にいっていました。『みなさんにはそれぞれひとつのスタイルがあり、個性がありますから、それを主張してください。ひとつの香りを選んだら、ずっとそれをつけつづけてください。香りはあなたの一部ですから』と」。

第13章　エルメスのカレーシュ

一九六一年は実りの多い年だった。ガガーリンが世界初の有人宇宙飛行に成功した。ビートルズがイギリスで大ヒットし、娘たちがミニスカートをはき、フランソワ・トリュフォーが「突然炎のごとく」を撮影し、映画は一九六二年に公開された。ケネディ大統領がフランスを初めて公式訪問した年でもあった。同行したファーストレディ、ジャクリーンはドゴール将軍だけでなくすべてのフランス国民を魅了した。そしてこの年、「カレーシュ」が誕生した。メゾン・エルメスの四番目の香水であると同時に、初めて世界的に有名になり、フランスのオートクチュールブランドの有力なフレグランスに対抗できた香水となった。

高級品の代名詞といえるエルメスは、数世代にわたって夢を提供してきた。神々の使者の名前でもあるエルメスは、上質の皮製品、シルクスカーフ、時計、香水を連想させる神秘的なフランスのブランド名である。それはクリエイターの名前でもある。

ティエリー・エルメスは一八〇一年、当時フランスに併合されていたライン川左岸のドイツ領で生まれた。二〇歳のとき、皮革産業で有名なノルマンディの町、ポントードメールの馬具職人のところに弟子入りした。一八二八年にクリスティーヌ・ピエラールと結婚し、三年後に息子、シャルル＝エミールが生まれた。

一八三七年、ティエリー・エルメスはパリに居を定めることにし、現在のオリンピア劇場に近い、マドレーヌ寺院界隈に馬具工房を開いた。彼はハーネスなど馬装具をデザインして製造した。一八六七年の万国博覧会で、ティエリーは三〇年間の仕事を表彰するメダルを授けられ、名をなした。のちの三代目、エミール＝モーリスは一九〇〇年にはロシア皇帝ニコライ二世から馬具一式を作るよう注文を受けることになる。ところが不運なことに、自動車が徐々に普及しつつあった。二代目のシャルル＝エミールは風向きが変わってきたことを感じ、製品の多角化をはじめ、馬衣、騎手が着る絹製の勝負服、ブーツを売るようになった。一八九二年、彼は騎手がブーツや馬具をもち運びするための大きなバッグを創った。その半世紀後に誕生し、後にケリーバッグとよばれるようになったバッグの原型である。メゾン・エルメスは一八八〇年、フォーブール・サン＝トノレ通り二四番地で創業した。注文台帳には名士の名前がずらりとならんだ。

一八七八年にティエリー・エルメスが亡くなった後、シャルル＝エミールは二人の息子、アドルフとエミール＝モーリスとともに工房を運営した。自動車という交通手段が馬車にとってかわると、新たな市場開拓が必要になった。一九〇〇年以降、馬具の売り上げは低下の一途をたどっていたが、エルメス兄弟はこの分野でのトップの座をゆずりわたす気はさらさらなかった。エルメスはバッグ製造に参入し、斬新さをうち出した。バッグは馬具製造と同じ要領で縫製され、エミール＝モーリスはファスナーを皮革製品にとりいれるという素晴らしいアイディアを思いついた。

乗馬を愛好する紳士たちの必需品として、エルメスは高級ブティックのひとつとなった。同じ高級ブランドの創業者カルティエ、ヴィトン、ゲランたちは、エルメスのショーウィンドーにならんだポロ用ブーツのケースや、小さな時計、ブラシ、香水ボトルといった旅行道具に感嘆の声を上げた。

さらに影響力を広げるため、エルメス兄弟は乗馬製品の専門店をシャンティイに開いた。この支店はエミール＝モーリスとアドルフのいとこ、ランスロに運営をまかせた。これはまだ序盤にすぎず、兄弟は乗馬と関係のあるすべての町に進出する心づもりだった。一九一九年にフォンテーヌブローとサン＝シール、一九二五年にポー、一九二六年にソーミュールに店を出した。

品質にすぐれ、修理が完璧で一生ものにできることから、なにかとうるさい顧客の心もつかんだ。調教師、ジョッキー、あらゆる意味で馬に乗る人々がエルメス製品を求めた。その妻たちも一九〇〇年代には皮のハンドバッグ、手袋、財布を手にした。当時からシックとエレガンスの極致だった。

革製品と鞄に続き、時計、宝飾品、スカーフやネクタイなどのシルク製品が、紳士・婦人両方の服飾品と同様、エルメス・ブティックにならぶようになった。エミール＝モーリス・エルメスの婿二人のジャン＝ルネ・ゲラン［Guerrand（シャリマーを出したゲラン Guerlainとは異なる）］とロベール・デュマが経営を引き継ぎ、一九七八年に孫のジャン＝ルイ・デュマ＝エルメスが後継者となった。

一九三〇年代にロベール・デュマが「サック・オータクロア」、すなわち騎手のブーツや鞍を運ぶための革の大きなバッグにインスパイアされたことが、将来の「ケリー」につながった。一九三五年に創られたそのバッグは「サック・ド・ヴォヤージュ・ア・クロア・プール・ダム」（女性用ストラップつき旅行鞄）と名づけられた。グレース・ケリーがこのバッグに一目ぼれしたのは、みずから出演する映画「泥棒成金」のためにエルメスで買い物をした時だった。一九五六年、彼女はそのバッグを手に、モナコのレーニエ大公と一緒に写真に写った。これがきっかけでこのバッグは「ケリー」とよばれ、有名になった。

一九三七年、ロベール・デュマはエルメスの初めてのカレを発表した。それは西洋双六のような絵が描かれたシルクスカーフで、「オムニバスゲームと白い貴婦人」とよばれた。エルメスのカレはメゾンの新しい象徴となった。最初の頃、図柄は、「ジャンピング」や「ロンシャンの散歩」など、乗馬や狩りの世界に着想したものだったが、すぐに「羽根」、「縁飾り」、「フォーブール二四番地のクリスマス」など、幅広いテーマを扱うようになった。

ジャン＝ルネ・ゲランは香水部門をたちあげた。最初の「オー・ド・ヴィクトリア」は早々と姿を消した。「オー・デルメス」は一九五一年に登場した。調香師エドモン・ルドニツカが創ったこの香りは、柑橘類のトップノート、スパイス系のミドルノート、ウッドとトンカビーンのベースノートから構成されていた。ルドニツカは、エルメスのバッグを開けたときに漂っていたレザーの香りと、それを引き立てるスパイスの香りからイメージした、と語っている。一九五五年、調香師ギ・ロベールの作品で、フローラルシプレの「ドブリス」が誕生した。トップノートはブルーカモミール、タイム、コリアンダーで、ミドルノートにはローズのアブソリュートとジャスミンのアブソリュートのベースが感じられ、ベースノートはレザー、ムスク、オークモスだった。「オー・デルメス」と「ドブリス」は一時かえりみられなくなったが、二〇〇五年に復刻版が出た。

一九六一年にエルメスの白眉、「カレーシュ」を調香したのもやはりギ・ロベールだった。その前年、ジャン＝ルネ・ゲランは香水部門の新たな拠点を設立した。ゲランはギ・ロベールとともに、一流ブランドと勝負できる女性用香水の開発に腐心した。このフレグランスは香水においても主要ブランドと肩をならべることになる、エルメス初の成功作となった。先行した三つの香水は、エルメスの店で上得意の客だけに売られたからである。

カレーシュという名前は、小型四輪馬車《カレーシュ》に乗っていた一九〇〇年代の紳士淑女や、バルザックの小説のヒロインたちが生きていたロマンティックなパリを想起させる。デザイナーのアルフレド・ド・ドリューが描いた、馬をつないだ小型四輪馬車《カレーシュ》はそもそもエルメスのロゴだった。とはいえ香りはむしろ現代的で、ジャスミンを中心にすえたフローラルシプレだった。

トップノートは、ベルガモット、マンダリン、オレンジフラワーのアルデヒドアコードをそなえ、みずみずしく繊細だった。ミドルノートはジャスミン、スズラン、イリス、ローズ、イランイラン、ガルデニアを組み合わせたパウダリーフローラルだった。ベースノートは、サンダルウッド、シダーウッド、オークモス、ベチバーによるシプレ系だった。

最初の三作にならったクリスタルボトルは、サン＝ルイ社製だった。エルメスのショーウィンドー装飾家、アニー・ボーメルがデザインしたボトルは、辻馬車のカンテラにインスピレーションを受けたもので、丸いキャップがついていた。エルメスのエレガンスとシックを完璧に象徴する、やわらかく繊細なフレグランスだった。小型四輪馬車《カレーシュ》の絵はラベルに印刷された。

一九六九年、カレーシュの宣伝文句は「香水は武器だと思う女性は、多分気に入らないでしょう！」というものだった。このフレグランスをつけるのは洗練された女性であり、自然さと上品さ、スポーティな感じとロマンティックな表情をかわるがわる見せながら、さりげなく魅力をふりまくのだ。

カレーシュは、ボルドーの大型客船の上で披露された。そしてパリでは、フォーブール・サン＝トノレ通り二四番地の本店で大々的に開かれたカクテルパーティにパリ中の人々が集まった。ショーウィンドーにはカレーシュが展示され、アニー・ボーメルが天井にとどかんばかりにそびえ立つ、翼をつけたスフィンクスを考え出した。

続いて売り出された、一九七〇年の男性用香水「エキパージュ」、一九七四年の「アマゾン」がエルメスの香水の幅を大きく広げた。

一九七八年、ジャン＝ルイ・デュマ＝エルメスがエルメスのトップに上りつめた。シルク、レザー、プレタポルテ、時計が事業の中心になった。彼は事業を馬具、時計、香水の三部門に分割した。

新製品のバッグは「バーキン」として有名になった。一九八四年に作られたこのバッグの名前は、アイディアを提供し、四つも所有することになったジェーン・バーキンにちなんでいる。バーキンはジャン＝ルイ・デュマ＝エルメスと同じ飛行機に乗りあわせた際、実用的なバッグがないと不平をもらした。エルメスはお手の物とばかり、彼女のさまざまな要望にこたえるバッグを作り上げた。以来、この型のバッグは「ケリー」と同じくらい評判になった。

二番目の男性用香水は一九八六年に登場した「ベラミ」である。ギィ・ド・モーパッサンの同名小説にインスパイアされたこの香りは男のエレガンスを象徴していた。調香師ジャン＝ルイ・シュザックの手による「ベラミ」は男らしさと官能性を主張した。クリムトが描いた官能的な裸婦のデッサンを使った広告は、当時衝撃をあたえた。この香りはまたたくまに大ヒットし、「エキパージュ」とともに男性用香水の秀作として残っている。

調香師モーリス・ルーセルが一九九五年に創作した「24、フォーブール」は香水創りの世界に新風をまきおこした。トップノートはヒヤシンスとオレンジを含み、きらめくようなグリーン系だった。イランイランがオレンジフラワーと調和し、ヴァニラに支えられたイリスとジャスミンが、この個性的な香水に丸みをあたえていた。ボトルはエルメスのカレを思わせ、シルク製品に対する敬意を表現していた。発表から二〇年が経過した今も、なお売れつづけている香水である。

二〇〇〇年代に入ると、ジャン＝ルイ・デュマ＝エルメスは、グラース出身で父親も同業だった若手調香師、ジャン＝クロード・エレナを採用した。エレナは二〇一五年まで香水部門をひきい、後をクリスティーヌ・ナジェルに引き継いだ。エレナは二人の調香師とともに、二〇〇四年に「オー・デ・メルヴェイユ」を発表した。花の香りをふくまないことを謳い文句にしたひじょうに独創的な香りだった。トップノートはビガラード、ベルガモット、シトロン、ミドルノートはエレミ（樹脂から精油がとれるフィリピン産の木）とブラックペッパーで構成されていた。オークモス、アンバーグリス、ベンゾイン、シダーウッド、ベチバー、パチュリが香りに奥行きをあたえ、官能的で少しあぶなげで、やや男っぽい印象だった。

同じ二〇〇四年、「エルメッセンス」コレクションが発売された。「ポワーヴル・サマルカンド」、

「ローズ・イケバナ」、「ベチバー・トンカ」、「アンブル・ナルギレ」と名づけられた、タイプの異なる香りで、エルメスのブティックでしか売られていない、男女兼用の四部作だった。このコレクションはさらに拡大し、「サンタル・マソイア」、「ヴァニーユ・ガラント」「オスマンサス・ユンナン」と続いていった。新しいボトルがこのシリーズのために考案された。

二〇〇六年エレナは、シトラスウッディノートで、まさにエルメスといった感じのメンズ香水、「テール・デルメス」を創った。グレープフルーツ、ベ・ローズ（ピンクペッパー）、ベルガモットをトップノートに、ゼラニウム、ヘディオン、ブラックペッパーをミドルノートに、ベチバー、シダーウッド、ベンゾインをベースノートにした香りだった。「テール・デルメス」は二〇〇六年、フランスでの売上高が五番目に多かった。

「ケリー・カレーシュ」は、エルメスの二つのシンボルを統合しており、二〇〇七年に登場した。淡いピンク色をした、現代女性のための繊細な香水で、レザーアコードをベースにしたフローラルな（スイセン、スズラン、ローズ、ミモザ、イリス）香調だった。

二〇一〇年、エルメスがテーマにしたのはまたしても旅だった。ジャン＝クロード・エレナは男性も女性もしっくりなじむ、爽やかなウッディとムスクの「ヴォヤージュ・デルメス」を創りだした。シトロンとスパイスの香調に緑茶とムスクが混じっていた。エレナはもともと、茶の香りを初めて使用した調香師の一人だった。ジャン＝クロード・エレナが自著『調香師日記』に書いているように、旅をテーマとした宣伝広告用のデッサンは、マンガ家のジャン・ジロー（別名メビウス）が担当することになった。そのときジローは「ヴォヤージュ・デルメス」の香りをかぐと言った。「すごくいい香りですね！　いやこう言えてほっとしました。社交辞令を言わなければいけないかと思って気が重かったんです！」。鐙《あぶみ》の形をした金属とガラスのボトルは、特別に旅行用として考案された。映画監督エリック・ヴァリが手がけた広告フィルムでは馬と鳥の乱舞が現実逃避的な気分をかもしだした。

ジャン＝クロード・エレナによると、「想像の世界へといざなうとき光は美しい」。ともかく、エレナは光に触発され、二〇一三年、シトラス、ガルデニア、ホワイトムスク、ヴァニラで構成された「ジュール・デルメス」を生みだした。眠るときにつけるという女性からの声が上がるくらい女らしい香りだった。二一世紀のマリリン・モンローというところだろうか？

エレナはエルメスの年毎に変わるテーマにも想をえて、「庭シリーズ」を創った。最初は二〇〇三年の「地中海の庭」で、つぎに二〇〇五年の「ナイルの庭」、二〇〇八年の「モンスーンの庭」、二〇一一年の「屋根の上の庭」と続いた。調香師による香りの散策をくりひろげるみずみずしい香水の連作だった。

カレーシュはエルメスの代表的な香水でありつづけたが、一九九二年にもう少し濃度を高めたヴァージョンが発表された。「カレーシュ・ソワ・ド・パルファン」である。エレナが手をくわえた新しいヴァージョンもある。二〇〇三年の「カレーシュ・オー・デリカット」はオリジナルの香りの主軸をより繊細に作り直したもので、新しい世代の若い女性の心をつかんだ。同年、地中海がエルメスの年次テーマとなり、「カレーシュ・フルール・ド・メディテラネ」の一〇〇〇本の限定版はローズ、ジャスミン、ミモザをさらに強調した。

メゾンはあいかわらずエルメス家の支配下にあり、創業家の六代目、アクセルとピエール＝アレクシィ・デュマが采配をふっている。カレーシュは依然としてエルメスの香水の花形だ。そしてエルメスのファンはつねにその洗練されたエレガンスを称賛している。フランソワーズ・サガンがギヨーム・アノトーと共著で出した『香水』のなかで書いているように、「ちょっと真面目な女がひとつの香水を手放すことは、飼っていた犬をすてて別の犬を買うのと少し似ている…」

第14章　イヴ・サン＝ローランのオピウム

一九七七年、誕生した香水にオピウム（阿片）という名前をつけることは世間のひんしゅくを買うことになりかねなかった。もっとも、すでに政治危機が深まった一九六八年にはそうした薬物使用の蔓延を経験しており、ヒッピーブームが社会に堕落をもたらしていた。イヴ・サン＝ローランが薬物の名前を商品名にしたことに、彼の薬物依存やかなり放埓な生活を知っている人々はまさかといった気持ちだった。

一九三六年八月一日、イヴがアルジェリアのオランで生まれたとき、このひ弱な男の子にとてつもない前途があろうとは誰も想像しなかった。アルジェリアはまだフランス領であり、彼は当時イヴ・マテュー＝サン＝ローランという名だった。父シャルルは保険会社の管理職で、母リュシエンヌは主婦だった。ミシェルとブリジットという二人の妹も生まれた。妹たちを楽しませるため、また自分もギニョール（人形劇）が好きだったので、イヴは布や紙を切り、絵を描き、服を作って人形に着せた。彼は木箱で小さな劇場まで作り、だまし絵でカーテンを描いた。その頃からすでに、彼は布地が好きであり、女性らしいシルエットの服をつくった。

オランでは、父親は留守がちだったので、イヴは女性に囲まれて育った。妹たち、母親、祖母や大おばは、灰色の大きな目をした、ブロンドのおとなしい子どもだったイヴを甘やかした。母リュシエンヌはたいへんな美人で、いつもきれいな服を着ていた。まず母がイヴに大きな影響をあたえた。ほかの子と同じようにイヴは、母親が着飾って出かけるのを見るのが好きだった。「舞踏会に出かける母が家を出る前に、私たちはその姿を一目見ようと待っていて、お出かけ前のキスを楽しみにしていた」と彼は語っている。彼は母が話題に上るとき、いつも「ママンは」と言い、優美な女性、女の鑑のように話し、クチュリエとしてつねに念頭に置いていた。

イヴ少年は裕福に育った。国際色豊かで活気のある都市オランにあった家は庭に囲まれた豪邸で、使用人がいた。「快適な作りの家で、わたしたちは気もちよくすごした。わたしの夏の日々は、海に面した町で雲に運ばれ、飛ぶようにすぎていった。両親や友人たちはあの町で固まって暮らしていた」。しかし夏が楽しい分、休み明けはつらかった。

イヴは級友たちとの違いをつねに感じていた。異常なほど引っ込み思案だった彼にとって、入ったカトリック校は試練の場だった。ほかの子どもたちから見れば、彼は気どり屋で夢見がちで孤独な少年だった。たえず仕かけられるいじめや侮辱やけんかを避けるために一人ぼっちにならざるを得なかったこともある。イヴはこの頃からすでに、潜在的な同性愛傾向を隠そうとしていた。「オランでホモセクシュアルでいることは、殺人にひとしい罪だった」とのちに彼は語っている。

パリに出ることが突破口といえたが、イヴの興味はむしろ演劇に向かった。一九五〇年、彼は舞台芸術の魅力にめざめた。忘れもしない、名優ルイ・ジューヴェがオランに来て、モリエールの『女房学校』のアルノルフを演じたのである。しかし、イヴがなにより感激したのは、舞台芸術と衣装だった。前年に亡くなった舞台芸術家クリスチャン・ベラールの魂が自分にのりうつったように感じた。近視メガネを光らせ、疎外感を感じていたこの人見知りの少年は、デッサンがずばぬけてうまかったのである。生きていく自信はなかったものの、絵にかけては自信があった。

一九五一年、イヴは、妹たちが所属するオラン市立バレエ団の定期公演のために、衣装と二枚のポスターを制作した。初めての挑戦は大成功だった。しかし、彼を栄光に導いたのはあるコンクールだった。一九五三年、哲学の授業中だというのに「パリ・マッチ」を読んでいた彼は、国際毛織物事務局の企画する第一回ファッション画コンクールの通知を見つけた。ドレス、コート、スーツの白黒デッサンを出品するというものだった。デザイン画にはすべて毛織物の見本をつけ、一〇月三一日までにすべて揃えて提出するようにとのことだった。審査員にはジャック・ファト、ユベール・ド・ジバンシー、そしてクリスチャン・ディオールの名前があった。イヴは三つのクロッキーを送り、ドレス部門で三等賞を獲得した。

一二月、イヴの母は息子をパリにつれていった。授賞式に出るとともに、「ヴォーグ」誌編集長のミシェル・ド・ブリュノフに会うためでもあった。両親がオランの知人に頼んで、ブリュノフに面会し、息子のデッサンを見せる約束をとりつけたのである。イヴが受賞したデッサンを持参したところ、ミシェル・ド・ブリュノフはいたく感心し、すぐにこの少年の才能を見ぬいた。とはいえ、まずバカロレアに合格するようしっかり言いわたした。

当時ヴォーグの編集主任は、エドモンド・シャルル＝ルーだった。彼女はこの時の面談のようすをはっきりおぼえている。「一九五三年、瓶底メガネがずり落ちてくるのをしょっちゅう直している、キリンみたいにひょろ長い子がパリに出てきた。マリンブルーのきちんとした上着、襟、ネクタイ、すべて上品にすきなく着こなしていた。一見のらくらした感じで、引っ込み思案というよりは不安げなようすだった」。

一九五四年一二月、バカロレアをぶじ取得したイヴ・マテュー＝サン＝ローランはパリに乗りこんだ。ミシェル・ド・ブリュノフが彼の引き取り手となり、クチュール組合学校に入れた。「デザインするだけではだめだ。全部できなくては。裁断も縫製も必要におうじてやらなければいけない」とブリュノフはきびしかった。しかし、イヴは渋々だった。とはいえ一二月、ふたたび国際毛織物事務局のコンクールに出品し、今度はドレス部門で最優秀賞をとった。若かりしカール・ラガフェルドもこの時受賞しており、二人の未来のクチュリエが初めて話題に上り、メディアで騒がれた。

イヴはがぜん張り切って仕事をした。彼は故郷オランの家に帰り、山ほどのデッサンをパリにもちかえった。ミシェル・ド・ブリュノフはそれを見て感嘆し、クリスチャン・ディオールに紹介することにした。ディオールはイヴに会っただけでなく、即刻彼を採用した。

一九五五年六月二〇日、サン＝ローランはグランドメゾン・ディオールに初めて足を踏みいれた。二八以上のアトリエ、およそ一〇〇〇人の従業員を抱えるこのファッションの聖域の名状しがたいエレガンスにイヴは感銘を受けた。ディオールはすぐに彼を片腕として使うようになった。イヴはディオールをつねに「ムッシューディオール」とよぶことになる。ディオールは、仮縫いのときかならずイヴをたち合わせ、彼の意見を聞き、一九五七年の次回コレクションに彼のデザインした服をいくつか選んだほどだった。

イヴの運命が変わったのはこの時だった。この新しいコレクションの準備で精根使い果たしたディオールは、つぎのショーをひかえ、イタリアのモンテカティーニに休養をとりにいった。その数日間はシュザンヌ・リュランにメゾンをまかせ、サン＝ローランを助手につけた（出かける前、「イヴを使っていいから」と言いのこした）。しかし一〇月二三日、ディオールは急死した。ファッション界に衝撃が走った。メゾン・ディオールはなおさらだった。偉大なクチュリエ、ディオールの後をだれが継げるのだろう？

その時、会計を管理していたマルセル・ブサックが、ディオールのもとで三年間働いてきたイヴ・サン＝ローランに賭ける決心をした。二一歳、大人になるチャンスだった。イヴはとてつもない責任と挑戦を受けて立つことになった。イヴはディオール直属の部下、レイモンド・ゼナケル、ミツァ・ブリカール、マルグリット・カレ、シュザンヌ・リュランに支えられた。

一九五八年一月三〇日、サン＝ローランはメゾン・ディオールのために彼の初めてのコレクションを発表した。有名な女優や作家たちが最前列にならんでいた。モデルたちは丈の短いジャケットとフレアーのように広がらないスカートを合わせた、魅力的なスーツを着て登場した。これが有名な「トラペーズ（台形）ライン」である。ショーは大成功だった。ディオールのナンバーツーの誕生である！

一人の観客がこの勝利にたち会った。ピエール・ベルジェである。彼はその時画家のベルナール・ビュッフェとひとつ屋根の下で暮らす関係だった。しかし一九五八年、ベルナール・ビュッフェはモデルだったアナベルと出会い、結婚した。残されたベルジェは心おきなく恋愛できるようになった。ピエール・ベルジェはイヴと一緒に暮らすだけでは飽き足らず、ビジネスにもかかわり、巧みな手腕を示した。創作に集中できなくなるような些末な問題から、徹底してイヴを守ろうとした。ベルジェはすべてに目を光らせた。二人は徐々に公然とつれだって人前に出るようになった。

次から次へと迫る新作コレクションのペースは若いイヴにとって重圧だった。イヴは少し深酒をすることで身を保った。しかし一九六〇年まで、彼の評判は下降気味だった。七月のコレクションの評価は散々だった。そして彼の徴兵猶予期間が切れ、兵役につかねばならなくなった。これを機に経営陣はイヴを見限り、彼が軍隊に行っている間に（クリスチャン・ディオール三代目のクチュリエとして）マルク・ボアンを引き入れた。

イヴ・サン＝ローランにとって、それは大きな痛手だった。そのうえ故郷アルジェリアの独立戦争は熾烈をきわめていた。彼はうつ状態になり、二か月近くヴァル・ド・グラースの病院に入院した。完治したイヴは「ノーマルな」生活の流れをとりもどさねばならなかった。ピエール・ベルジェはイヴに、君はもはやメゾン・ディオールのクチュリエではなくなったと告げた。イヴはくじけることなく、二人でメゾンをたちあげようともちかけた。イヴが服をデザインし、ピエールが経営にたずさわるのだ、と。

地獄のような数か月間をへて、イヴはもう一度パリをあっといわせてやるのだと意気ごんだ。ピエール・ベルジェはパリのサン＝ルイ島のアパルトマンを売り、まだ所有していたベルナール・ビュッフェの絵を手放した。そこまで思い切ったベルジェを味方に、イヴは一九六一年春に自身のメゾンを設立する決心をした。友人のモデルのヴィクトワールは、「パリ・マッチ」誌に彼の初コレクションについての記事を載せるようとりはからった。ヴィクトワールの夫はのちにこの雑誌の編集長となったロジェ・テロンだった。とはいえスタッフはまだそろわず、イヴの手元にはまだクロッキーしかなかった。しかしピエール・ベルジェがわきをかため、アメリカ人のジェス・ロビンソンが出資者となる算段をつけた。

一六区スポンティーニ通りの豪邸に、サン＝ローランの真新しいメゾンが創立された。一九六二年一月二九日、著名人の居ならぶなか、初めてのコレクションが披露された。フランソワーズ・サガン、パリの伯爵夫人ジャクリーヌ・ド・リブ、社交界でも指おりのエレガントな女性エドモンド・シャルル＝ルー、バレエダンサーのジジ・ジャンメールなどである。モデルたちがまとった服は黒が多く、ピーコートも初登場した。コレクションは絶賛され、その週発売の「エル」誌は、「将来有望な若手」という大方の期待のさらに上を行く「現代の巨匠」のコレクションとなったと報道した。

その後は成功の連続だった。サン＝ローランはメジャーな存在になった。一九六四年、イヴは自分のイニシャルをとって「Y（イグレック）」という名の初めての香水を発表した。

「Y」はグラースのルール社所属のミシェル・イの手による女性らしい香りだった。グリーンフレッシュな香り立ちだが、豊かな構造があたたかくウッディな感触をもたらすフローラルシプレだった。ガルバナム、イランイラン、オークモスが主軸となっていた。その後ブランドエンブレムとなったイニシャル、YSLの組み合わせ文字が黒く書かれた白い箱で発売された。

イヴのコレクションは年を追うごとに斬新さをました。一九六五年の「モンドリアン」という有名なドレスは、五〇年たった今もコピーされている。ピエト・モンドリアンの一九三五年の作品、「コンポジションC」にインスパイアされ、伝説となった服で、ノースリーブでひざ丈までのシンプルなサック・ドレスである。同じコレクションで、イヴはもう一人の画家、セルジュ・ポリアコフにオマージュを捧げた。「最新コレクションでは、モンドリアンとポリアコフに着想をえた作品を初めて発表した。この二人の絵の装飾的な面よりも建築的構成の方に興味を感じた。これまで、ファッションデザインに画家の作品をもち込むと、失敗に終わるのが常だった。ドゥローネーだけは成功しているが、デザインは美しいのに色はくすんでいる。私にとって、ポリアコフやモンドリアンの作品からドレスを作ることは、彼らの絵に動きをあたえることだった。しかし、ひとつ危険がある。それはドレスが一枚の絵画になることだ。わたしは、芸術家ぶろうとするクチュリエは大嫌いだ。私の仕事は職人の仕事であり、絵画とならんで立とうとするなど、思い上がりもいいところだ。ポリアコフとモンドリアンは、驚くほどの若さと生気をわたしにとりもどさせてくれた。彼らは私に、純粋さと均斉とはなにかを教えた」。

一九六六年、サン＝ローランは「ポップアート」に触発され、同年、トゥルノン通りにプレタポルテの第一号店を開いた。実りの多い年だった。というのも、正統派中の正統派、女性向けのスモーキング（パンツスーツ）が登場したのもこの年だった。彼が考えた男女兼用の服、パンタロンスーツやジャンプスーツをエレガントなパリジェンヌが身につけるようになる。その一人、カトリーヌ・ドヌーヴはイヴと友だちになった。二人が出会ったのは一九六五年、エリザベス女王に謁見することになったドヌーヴが、前のシーズンのドレスを譲ってほしいと頼んだのがきっかけだった。一九六七年、イヴはルイス・ブリュニエル監督の「昼顔」の衣装をデザインした。そのうちのひとつ、白い襟のついた短い黒のワンピースは有名になった。この映画がきっかけでイヴとドヌーヴはますます親密になり、二人の交流はイヴが亡くなるまで続いた。

コレクションのあいまも、イヴは衣装のデザインをするのが好きだった。夫ローラン・プティのバレエ団のスターだったジジ・ジャンメールのために彼は衣装デザインをした。アラン・レネ監督は「プロヴィデンス」の制作に彼の力をぜひともかりたいと言った。イヴは大好きだった劇場の世界にふたたび出会ったのである。

一九六七年、ナイトクラブで彼はベティ・カトルーと出会った。ベティは彼のミューズ第一号になった。イヴは夜遊びが多く、二人が知り合ったのはレジーナというクラブだった。二人の友情はいつまでも続いた。翌年、ルル・ド・ラ・ファレーズがそこに加わり、いつも三人は一緒にどんちゃんさわぎをした。

その頃、イヴはモロッコに魅せられた。この国は彼の避難場所、安らぎの場となった。この時期から彼は、マラケシュの家に行ってコレクションのデザインをするようになった。彼はそこで、故郷アルジェリアの香りと音を懐かしんだ。ベルジェとイヴはメディナの「セルパン（ヘビ）の家」を手に入れ、その後さらにマジョレル邸に住んだ。その邸宅と見事な庭園は、画家だったマジョレルが一九三一年につくったものだった。

イヴの放蕩生活、新しい作品、遊び仲間は世間のひんしゅくを買った。一九六八年のシースルードレスは物議をかもした。第二次世界大戦中のファッションを想起させた一九七一年のコレクション「四〇年代あるいは解放」も騒ぎを引き起こした。一九七一年は女性向け香水、「リヴゴーシュ」を発表した年でもあった。「リヴゴーシュ」は彼の店の名前だった。ベルガモット、シトロン、アルデヒドが組み合わせられ、グリーン系の生き生きしたノートで始まる香りだった。ミドルノートはローズ、スイカズラ、ジャスミン、ガルデニアからなるフローラルだが、ベースノートはウッディで、ベチバー、トンカビーン、サンダルウッド、オークモスで構成されていた。ブルー、黒、銀で塗られたボトルはひじょうに現代的だった。

サン＝ローラン初の男性用香水、「プールオム」もやはり一九七一年に創られた。このシトラスウッディでスパイシーな香りはどんな世代にも好評だった。しかし広告がスキャンダルを引き起こした。この時代を象徴する写真家ジャン＝ルー・シーフのレンズの前でポーズをとったのは、ヌードのイヴ・サン＝ローランだったのだ。

一九七三年末、サン＝ローランはバビロン通りのアパルトマンでピエール・ベルジェと一緒に住んでいたが、ジャック・ド・バシェとも深い関係になった。ド・バシェは魅力的な青年ではあったが、かなり危険人物だった。イヴをアルコールとコカインから救ったのはド・バシェではなかった。いやむしろ反対だった。そしてピエール・ベルジェは二人の関係を不快に思っていた。嫉妬だけでなく、イヴのことを本気で心配していた。

一九七四年、メゾン・サン＝ローランはマルソー大通りに移転し、一九七五年には「オー・リーブル」という新しい香水が登場した。今回は軽やかでみずみずしいシトラス系のユニセックスな香りで、緑色のボトル、そして緑と白の箱におさまった。すっと消えてしまうような香りだった。

もっとも人々の記憶に残っているコレクションは、おそらく一九七六年七月の「オペラとバレエ・リュス」だろう。農婦風のブラウスとモアレ（波形模様）のロングスカート、毛皮の裏地つきカフタン（長い前開きのガウン）、フリルつきペチコートが人々の目を奪った。とはいえイヴはもはや犬のムジク二世（イヴが飼った犬はすべてブルドッグで、ピエール・ベルジェが飼った一代目にならってムジクという名でよばれた）とともに一人で暮らしていた。ベルジェはイヴをすてて（自己保存本能から、と後に述べた）、ホテル・ルテシアにうつった。しかし、サン＝ローランが「オピウム」を発表したのは、一九七七年のコレクション「シノワーズ」の後だった。香水におけるサン＝ローラン初の世界的大ヒットといっていい。

サン＝ローランの夢は、オピウムという「中国の皇后に捧げる香水」を創ることだった。火色の花を思わせるような東洋的香りがほしかった。女性たちが手放せなくなるような、病みつきになるフレグランスが。「オピウムという名前にしたのは、その熱をおびた力で、神秘的気流、磁波、高揚感、魔力を解き放つことができると強く思ったからだ。そこから、男と女が初めて目を合わせたときの狂おしい恋、一目ぼれ、身を焦がす陶酔が生まれる」とイヴは言った。イヴの東洋への憧れを物語ってもいるフレグランスである。「オピウムは宿命の女《ファムファタル》であり、パゴダ（塔）であり、灯《ともしび》である」。すなわちなにより女性らしさへの回帰だった。

オピウムを創りあげたのは、グラースのルール社の調香師レイモン・シャイアンと、フロラシンス社のジャン＝ルイ・シュザックだった。

強烈なこの香りは、アルデヒド、マンダリン、プラム、シトロン、ベルガモット、コリアンダー、クローブ、ペッパー、ローリエといったフルーティでスパイシーなトップノートから始まる。ミドルノートは、ローズ、スズラン、ジャスミン、ピーチ、イランイラン、シナモン、ミルラ（没薬）、イリス、カーネーション、クローブが組み合わせられた。

ベースノートは、香りの総動員で、ラブダナム、ミルラ、オポポナックス、シダーウッド、サンダルウッド、アンバー、ベンゾイン、ヴァニラ、シストラブダナム、カストリウム、ムスクがからみあう。

このパルファン（香水）の賦香率はあらゆる記録を更新した。一九七〇年代フランスのパルファンやオードトワレの濃度はすべて六パーセント以下だったのに対し、オピウムは一九パーセントであり、そのエッセンスにいたっては三〇パーセントの濃さだった。

ボトルは「印籠」を連想させた。日本のもので、三段に分かれた漆塗りの携帯用小型容器である。それぞれの部分は絹の紐でまとめられ、紐の先には彫りの入った「根付」とよばれる留め具がついていた。根付は動物を模したものが多い。この紐と根付を着物のベルトというべき「帯」にはさみこみ、印籠をポケット代わりにした。印籠の中には薬草、芳香物質、そして多くの場合は阿片を入れた。

香水ボトル専門のデザイナー、ピエール・ディナンはこの印籠をヒントに、ガラスの平型ボトルを、漆を模した暗紅色の容器にはめこんだ。この容器は飾り紐によって閉じるようになっており、端には「シノワーズ」コレクションのドレスを思い出させる黒い房飾りをつけた。ボトルと容器の図案はアカンサスの葉だった。古色をおびた金が塗られた豪華版も発表された。

「オピウム」は香水産業の歴史をぬりかえた。マーケティングを駆使して広まった最初の香水だった。強烈な広告をうち、フランスだけでなくアメリカの女性たちも引きよせる必要があった。さまざまな広告キャンペーンの多くは、ポルノグラフィックだとみなされた。香水の名前からすでに物議をかもした。一九七七年一〇月にオピウムを発売した代理店は挑発的なスローガンをうち出した。「イヴ・サン＝ローランに溺れる女たちのためのオピウム《阿片》」

一九七八年九月二五日、アメリカのニューヨークでの販売開始のため、花で飾りたてた「北京」号の船上でパーティが催された。その席上でイヴ・サン＝ローランは「オピウム《阿片》は高貴なドラッグだ」と言った。

この広告活動は、フレグランス協会から「年間最優秀キャンペーン」に選ばれた。しかし、一九七九年五月に薬物使用反対のデモを起こしたアメリカ阿片ドラッグ対策同盟の不興を買った。とはいってもたかが香水ではないかと喝破し、穏便にすませようとしたジャーナリストもいた。

オピウムは発売当初から爆発的な売れゆきを見せ、イヴ・サン＝ローランが初めて世界に広めた香水になった。十年間、サン＝ローランの香水の売り上げの半分をしめることになる。一九九一年までなお、アメリカで一番売れたフランスの女性用香水だった。

男性用の「オピウムオム」も一九九五年に登場した。ベースノートは、パチュリ、シダーウッド、ヴァニラ、トルーバルサム、ミルラからなる官能的でオリエンタルかつスパイシーなつくりだったが、ミドルノートはゼラニウム、ペッパー、ジンジャー、コウリョウキョウがからんでいた。逆に、トップノートはラヴェンダー、シキミ、マンダリン、カシスが奏でる爽やかでダイナミックな香調だった。俳優のルパート・エヴェレットが、モーヴ色の部屋着の胸元をはだけ、赤いウォーターベッドにしどけなく横たわる姿でポスターのモデルになった。ビデオクリップはジャン＝バティスト・モンディーノが担当した。シンプルで透明なボトルは、オリジナルとは異なる仕様だった。

二〇〇〇年、新しい広告キャンペーンが潔癖な人々のひんしゅくを買った。今回はイギリス人モデル、ソフィー・ダールの思わせぶりなヌード写真が波紋を呼んだ。撮影したのはアメリカ人で「ヴォーグ」専属のカメラマンだった。問題のポスターは当時、ARPP（広告規制局）によって掲示を禁止された。同年、中国側も厳しい姿勢をみせた。オピウム《阿片》という名前に消費者から苦情がよせられ、中国の青少年にとって好ましくないイメージをあたえる、という。その後もジェリー・ホール、ケイト・モス、メラニー・ティエリーなど、ミューズはつぎつぎと登場した。

さて一九八〇年代に話をもどそう。コレクション発表は毎年定期的におこなわれた。一九八〇年七月、イヴ・サン＝ローランはアポリネール、アラゴン、コクトーといった詩人たちへのオマージュを捧げることに決めた。服に彼らの詩や署名がデザインされた。一年後、イヴはマティスやレジェといった画家からインスピレーションをえた。一九八七年七月はデヴィッド・ホックニー、一九八八年一月はヴァン・ゴッホ、一九八八年七月はボナールを称賛する作品を創った。同年、イヴはクチュリエとして初めてユマニテ祭（日刊紙「リュマニテ（人類）」を発行する新聞社が開催する祭典）でショーをおこない、香水「ジャズ」を発表した。サンダルウッド、ローズ、スパイス、アンバーをベースにした男性用香水で、透明なボトルとＪＡＺＺの白い四文字が目にも鮮やかな黒い箱に入れて発売された。

ピエール・ベルジェとイヴ・サン＝ローランはふたたび一緒になり、ベルジェはイヴの面倒を見つづけた。とはいえイヴの体調はすぐれず、何日間も鬱々とこもっていることが多かった。彼は薬物依存の治療を受けねばならなくなった。一九九〇年七月一五日付の「ル・フィガロ」誌で、ファッション部編集者のジャニー・サメと編集長のフランツ＝オリヴィエ・ジズベールにイヴはこう語っている。

「一回も立てつづけに鬱になってたいへん苦痛でした。すごくつらかったし、受けた治療もひどいものでした。一回目はラブルス病院に入院しました。一年前にまたひどい鬱がぶり返して、（アルコール依存症による）振顫譫妄《しんせんせんもう》の治療を受けなければならなくなりました。三か月も精神病院に入れられるなんて、ひどい目にあったものです」

一九九三年初め、サン＝ローランはエルフの子会社、サノフィに買収された。ピエール・ベルジェにとってそれは終わりではなく、実権は依然として彼がにぎりつづけた。

こうした苦難の後、イヴはたちなおろうと努力した。きっぱりではなかったが禁煙し、ドラッグと縁を切り、酒量を減らした。運命の皮肉か、サン＝ローランは新しい香水、「シャンパーニュ」を発表した。ロシア生まれのアメリカ人、ソフィア・グロスマンが一九九三年に創作した香りは、ピーチの香るフルーツ系とフローラルシプレがからみあっていた。この名前は長続きしなかった。シャンパーニュワインの業種間委員会が訴訟を起こし、サン＝ローランはこの新しい香水を改称せざるをえなかった。新しい名前は「イヴレス」だった。香りはそのまま保持され、多くの女性がシャンパーニュの香りを感じとった。

イヴ・サン＝ローランの性格の弱さはますます露呈した。しかしその作品は彼があくまでもこだわる古典主義をつねに尊重しており、ほかのクチュリエのファッションとは一線を画していた。イヴはインタビューに応じるのをやめた。コレクションのたびに、もうこれが最後だなどと余計なことをいう者がいた。たしかにイヴは顔がむくみ、背中が少しまがり、足元もおぼつかなかった。

彼は少しずつ仕事をゆずっていった。一九九八年六月、彼は六二歳でサン＝ローラン・リヴゴーシュのコレクションのデザインをやめた。以降、プレタポルテはアルベール・エルバスが采配をふった。一年間だけだったが！　二〇〇〇年にトム・フォードが後を継いだ。時代は変化を求めており、クリエイターたちはメゾンからメゾンへ移籍していた。

一九九八年七月一二日、サッカーのワールドカップ決勝戦をひかえたフランス競技場において、三〇〇人のモデルによる大掛かりな回顧ファッションショーが、数千人の観衆と数百万人のテレビ視聴者の目前でおこなわれた。

翌年、彼の春夏コレクションは画期的なショーとなった。モデルのレティシア・カスタが、バラの花輪だけでできたとんでもないウェディングドレスを誇らしげにまとったのだ。二〇〇八年六月五日―一一日付の「パリ・マッチ」で、後に女優になったレティシアは語っている。「いつだったか、イヴがオフィスでデザインをしていたんだけど、君はなにがほしいって聞かれたの。わたしはびっくりして、お花とだけ答えたわ。お花が咲いたみたいなものって。あのバラのウェディングドレスのアイディアがそうして生まれたの」。

メゾン・サン＝ローランはふたたびオーナーが変わった。サノフィからグッチの傘下になったのである。イヴとピエール・ベルジェにとってはいい話だった。しかし二人はイヴ・サン＝ローランブランドの知的財産権をゆずり、香水、プレタポルテ、小物部門の取引から一切手を引くことになる。とはいえ、二人はオートクチュール部門の運営にはたずさわりつづけた。

二〇〇一年七月、レディスプレタポルテのデザイン責任者でありクリエイティヴディレクターとなったトム・フォードが、新しい香水「ニュ」を発表し、販売促進キャンペーンで物議をかもした。女性用フレグランスで、トップノートはカルダモン、ベルガモット、ネロリ、ミドルノートはジャスミン、アイリスアブソリュート、ホワイトオーキッド、ベースノートはヴァニラ、オリバン、ホワイトムスクが組み合わせられた。トム・フォードは調香師ジャック・カバリエとともにこの香りを創りだした。グレーの金属でできた完全な円形の容器はくすんだ黒いプラスティックの正方形のケースに入っていた。トム・フォードは資本主義の殿堂、パレ・ブロンニャール（旧パリ証券取引所）で盛大な祭典をおこなった。四〇人の超ビキニのヌードダンサーが透明プラスティックの大きな円筒状の囲いのなかで踊り、「女性らしい香りのエキス」を表現した。旧パリ証券取引所大ホールの真ん中でくりひろげられたこの仮想的乱痴気騒ぎを見物にくるよう八〇〇人が招かれた。

ピエール・ベルジェとイヴ・サン＝ローランはこのショーに激しい怒りを感じ、見るにたえないと言った。イヴ自身がジャン＝ルー・シーフの被写体となって、裸でポーズをとったときの優雅な挑発とは、似ても似つかぬものだった。イヴ・サン＝ローランはトム・フォードの仕事を支持する気になれず、引退を決意した。

二〇〇二年一月二二日、イヴの最後のセレモニーがポンピドゥーセンターでおこなわれた。メゾンがつみ重ねてきた四〇年間が豪華絢爛の演出でたどられた。観客は千人集まり、百人以上のモデルが参加し、パロマ・ピカソ、ローレン・バコール、ソニア・リキエル、ベルナデット・シラク、クロード・ポンピドゥー、ユベール・ド・ジバンシー、ジャン・ポール・ゴルティエがかけつけ、サン＝ローランはかつてないほどの祝福を受けた。

ショーの最後に、あの黒いスモーキングの四〇通りのヴァリエーションをまとった四〇人の女性が現れたとき、人々は興奮の渦にまきこまれた。やはりスモーキングを着ていたカトリーヌ・ドヌーヴが一人歩み出て、バルバラ（フランスの代表的歌手）の「わが麗しき恋物語」を歌いはじめると、レティシア・カスタがすぐに声を合わせた。イヴ・サン＝ローランが奥から現われ、感極まったようすで少しずつ前に進むと、たちまちモデル全員が取り囲んだ。観衆は総立ちになり、割れんばかりの拍手を送った。最前列には光栄にもこの夜招待された、偉大なメゾンのために働いてきた女性たちがいた。

その後数年間、イヴ・サン＝ローランはマルソー大通りの店に定期的に顔を出していた。しかし脳腫瘍のため、二〇〇八年六月一日、パリの自宅で亡くなった。

死後もサン＝ローランは称賛をあびつづけている。彼をテーマにした映画が三本も作られた。二〇一〇年のL'Amour fou（邦題「イヴ・サンローラン」）はピエール・ベルジェとイヴ・サン＝ローランの証言と記録からなるドキュメンタリー作品である。二〇一四年の他の二作は「伝記映画」で、ジャリル・レスペール監督の「イヴ・サンローラン」と、ベルトラン・ボネロの「サンローラン」である。

香水のオピウムはまだ生き残っている。長いあいだにいくつかのヴァリエーションが出た。一九九六年の「オピウム・スクレ」、二〇〇四年の「オピウム・オー・デテ」、二〇〇五年の「オピウム・フルール・ド・シャンハイ」、二〇一〇年の「ベル・ドピウム」である。

二〇一四年には新しいヴァージョンが発表された。ボトルはやはり当初の「印籠」の面影があったが、今回は黒くキラキラ輝いていた。「ブラックオピウム」はフローラルブーケにコーヒーの香調が加わった。並外れたクリエイターであり複雑な内面と希有な才能をあわせもっていたイヴ・サン＝ローランの黄金時代が惜しまれるにせよ、この香水は伝説でありつづける。

第15章　ジャン・ポール・ゴルティエのルマル

ジャン・ポール・ゴルティエの世界といえば、思いきり華やかなショー、奇想天外なドレス、人を小馬鹿にしたようなエキセントリックなパリジェンヌが思い浮かぶ。ゴルティエの「パリ・パナム（パナマ）」（巨大で混沌としたパリ）の世界は、象牙の塔と化したファッションを引きずりおろし、巷にあふれる色彩を駆使し、美と醜、上品と下品の境界にゆさぶりをかけた。しかし、こうした——ゴルティエ自身も維持しつづけた——イメージにとらわれすぎると、彼が正確で鮮やかなカッティングと安定した技術をもつ、パリ一流の仕立て屋であることを忘れがちだ。その腕で、非のうちどころのないスモーキングをデザインし、ジャージーのひだを彫刻のようにぴたりとボディに添わせ、この世ならぬ宇宙的ドレスを提示した。それはゴルティエが、テクニックと服飾の歴史を完全に吸収し、効果や年代や機能を固定観念から解放し、決まりごとをさらりと自分の方に引きよせて、男性だけでなく女性の服の概念をもくつがえしたからである。

もちろん、ゴルティエには、恐るべき子ども《アンファンテリブル》のイメージがつねにつきまとった。分類不可能な手におえない偶像破壊者だった。彼はファッションとその儀式に一石を投じては魔法使いの弟子よろしくひと騒動を起こして大はしゃぎした。ゴルティエにかかれば仕立てもひとつのショーだった。彼はあらゆる色彩を自在に使いこなした。その斬新な発想ゆえに彼は、当時すんなり通用し、人々の頭にしみついた服飾の概念とはあいいれなかった。マリンボーダーニット、円錐形ブラつきブラックドレス、肌色サテンのコルセット、メンズスカート、レディスサスペンダー、精巧なピアスやタトゥーを彼は考え出した。

ゴルティエが、太鼓判つきの二つのフレグランスをもって、香りの世界に華々しくのりこんだのも当然といえば当然だ。一九九三年の「クラシック」と一九九五年の「ルマル」はまたたくまにヒットとなった。調香師フランシス・クルジャンが手がけたルマルは二〇〇三年、ヨーロッパの男性用香水の売上高一位となり、フランスに限ってはディオールの「オー・ソヴァージュ」を抜いた。以来この記録は破られていない。マリンボーダーをまとった、腕と頭のない筋肉隆々の上半身の形をしたボトルはすぐにコレクションの対象になった。鬼才ジャン＝バティスト・モンディーノが、ゲイをにおわせる広告キャンペーンを手がけ、その独創性と潜在的なエロティシズムを表現した。ルマルは（ボードレールにちなんだ）「レ・フルール・デュ・マル」（『悪の華』Les Fleurs du mal　にかけた名だが、このmalは悪、香水のmâle　は男という意味）、「ル・マル・テリブル」、「ル・ボー・マル」、「ユルトラ・マル」とさまざまなヴァリエーションが出た。進展するにつれ、ジャン・ポール・ゴルティエのルマルは「バッドボーイ」になった。グレープフルーツとピンクペッパーの小波を力強い大波のようなフレグランスがうちくだき、ラヴェンダーがなだめに来た後、ベチバーがふたたび嵐をよび、ヴァニラとムスクアンブレが動揺をもたらす。この香りで、世界中の水兵は母港に帰ったような気がしただろう。

すべてはパリ郊外のアルキュイユで、モノクロ映画のように始まった。ジャン・ポール・ゴルティエは一九五二年四月二四日、HLM（低家賃住宅）のせまいアパルトマンで、ソランジュとポール・ゴルティエ夫婦のあいだに生まれた。一人っ子だった。

サッカーや数少ない友だちとの遊びよりも、祖母の「ガラベおばあちゃん」のアパルトマンにいる方が好きで、波風のない子ども時代をすごした。祖母は看護師で、美容師の仕事も多少こなし、催眠術師でもあった。近所の女たちの尻に注射をし、髪を洗い、カードで運勢を占い、必要におうじて色々なことをしていた。女たちはひっきりなしにうち明け話をしあい、テレビがいつもつけっぱなしだった。ジャン・ポール少年は待合室でごろごろしながら、出入りする女たちのようすを黙って観察するのが好きだった。女の園でぬくぬくと暮らしながら、彼はお絵かきをしたり、マンガを読んだりしてすごし、ポテトチップスをほおばって「フランス・ディマンシュ」誌の大見出しを眺めた。ジャン・ポールは、白粉などの化粧品やマニキュアの除光液の匂いのなかで、彼の初めてのモデルとなったクマのぬいぐるみのナナに身づくろいさせたり、ナナの服をつくったりすることに熱中した。おそらくいとこのイヴリンと同じように、人形のベラをプレゼントされることを夢見ていたのだろう。デイジー・ド・ガラールがプロデュースする番組「ディム・ダム・ドム」のクレジットや、ベルギーのファビオラ妃の結婚の報道や、ムーラン・ド・ラ・ギャレットから生中継される音楽バラエティー番組をテレビで見ていた。彼は週刊誌「ジュール・ド・フランス」に載っていた、挿絵画家キラズの描くパリジェンヌが大好きで、まねをして絵を描いた。

ある夜、首都圏ニュース番組で放映された、パリのミュージックホール、フォリー・ベルジェールの新しいショーに、ジャン・ポールはすっかり心を奪われた。翌日の授業中、彼はノートに、ぽっちゃりした女の子たちが網タイツの脚を高く上げている絵をさらさらと描いた。天才ファッションイラストレーター、ルネ・グリュオー顔負けの絵だった。落書きを見つけた教師は罰として、彼の背中にその絵をピンでとめた。一二歳のとき、ミシュリーヌ・プレールが出演した、ジャック・ベッケル監督の「偽れる装い」を見た。ミシュリーヌは気まぐれなクリエイターのミューズを演じており、マルセル・ロシャスのドレスがつぎつぎと出てきて彼の目はくぎづけになった。ジャン・ポールはめざめた。クチュリエになるのだ、と誓った。

学校の成績はかんばしくなかった。二度落第し、リセの第一学級（卒業年度よりひとつ下の学年）で退学した。彼は仕立てにしか興味がないことは明らかだった。「ジャルダン・デ・モード」誌で服飾の歴史をすみからすみまで学び、名だたるクチュリエたちに自分のデッサンを送り続けた。努力がようやく認められる日が来た。一九七〇年四月二四日、ピエール・カルダンが彼をボーヴォー広場の店によびつけた。器用な素人にすぎないジャン・ポールのスケッチノートを見てカルダンが気に入ったこと自体、ちょっとした奇跡だった。一八歳になったばかりのジャン・ポールは、週四回午後勤務のデザイナーとしてひと月五〇〇フランで雇われた。カルダンの仕事場以上に素晴らしいモダニズムの学校はなかった。

ジャン・ポールは創造性を学ぶ絶好の機会に恵まれた。カルダンは日常の光景からアイディアを見つけること、文化的価値基準をかならずしも必要としないことを彼に教えた。ジャン・ポールは砂地に水がしみ込むようにすべてを吸収した。彼は学んだことを頭の中に蓄積し、実験し、学び、先を読んだ。毎日が挑戦だった。カルダンは助言者として広い視野と進むべき道を示した。なによりカルダンはショーに生きる男だったのではないか？　にもかかわらずカルダンはジャン・ポールを解雇した。ジャン・ポールは一九七一年、ジャック・エステレルのもとでデザイナーとして働いたが、得るものは少なかった。ほんとうのチャンスは一九七二年に訪れた。パトゥの店でアシスタント・モデリストの職をえたのである。ジャン・ポールはスティリストのミシェル・ゴマの下で働いた。オートクチュールという高級路線の道は厳しく、束縛だらけだった。なにもかもあの「偽れる装い」という映画の世界を思い出させた。

まもなくふたたびカルダンがジャン・ポールに連絡し、マニラのスティリストのポストを提示してきた。カルダンはマニラで自分のブランドを広めようとしていたが、どうしてもフランスが懐かしくなり、そそくさとパリにまいもどったのである。

カルダン、エステレル、パトゥの下でつぎつぎと経験をつみ、充実した五年間をすごしたジャン・ポール・ゴルティエは自分のブランドを築き、足跡を残したかった。時代は彼にとって追い風だった。ファッション界は若手クリエイターたちの背中を押した。エリート主義にこりかたまったオートクチユールに対して叛旗を翻した若手たちは、より手頃な価格の服を提案した。新しい型の服が現代生活の要請に適応した。時にはゴム、合成繊維、帆布など、服飾素材とは見られていなかったような生地が夜の美女たちの衣装に化けた。新しい風が否応なく吹いてきた。その立役者たちは、ティエリー・ミュグレー、ジャン＝シャルル・ド・カステルバジャック、イッセイ・ミヤケ、ケンゾー、クロード・モンタナ、ミシェル・クラン、アルゼンチン人のパブロとデリアだった。彼らはアンチ・クチュールを標榜した。ジャン・ポールはその主張に強い共感を覚えた。彼は何度かロンドンを訪れ、フランスの偏狭さはもはや通用しないとの意を強くした。自分がショーをやり、ファッション界に活を入れるのだ！と思った。

一九七五年九月サン・ミッシェル大通りで、「ディズニー」とよばれていたドナルド・ポタールという友人が、仲間のフランシス・ムニュジュをジャン＝ポールに紹介した。褐色の髪の美青年ムニュジュはパリ大学法学部の学生で、アクセサリーを創作しているのを自慢していた。二人は同い年だった。たがいに一目ぼれし、ラヴストーリーはその後一五年間続いた。一心同体の二人はたりないところを見事に補い合った。

一九七六年一一月五日、二四歳のジャン・ポールはユーモアと勇気をもってモードという大海に漕ぎ出した。彼は科学技術博物館のプラネタリウムをかりた。ジャン・ポールのデビューとなるこの初めての瞬間にたち会った人はわずかだった。世間知らずのジャン・ポールは、当時のスターだったトンボ眼鏡のエマニュエル・カーンと同じ時間にショーをおこなったからである。その上モデルは九人しかいなかった。ひだをよせたインテリア用の布、生成り地に青や暗赤色でプリントしたトワル・

ド・ジュイを選んで裁断し、農婦風のゆったりしたスカートをつくった。タピスリーの基布を使ってベージュのボレロの背中部分にし、Tシャツと、裾に三重のギャザーをよせた膝丈や踝丈のズボンに合わせた。ゴルティエの起こした波は大きくくだけた。そのあおりで、その年コレクションを発表した、若手スティリストたち――ジャン＝クロード・ド・リュカ、フィリップ・ドゥヴィル、マリー＝ピエール・タタラッチ――は忘れ去られたほどだった。

つぎのショーは前よりひかえ目に、「奇跡の巣窟」（いかがわしい界隈をさす。障がい者を装って物乞いをしていた連中がここに戻ると奇跡のように治ってしまうことからついた名前）のカフェテアトルを占拠して開いた。文無しのコンビ、ジャン・ポールとムニュジュは、文字通り奇跡を起こした。缶詰を改造したブレスレット、迷彩色のジャケット、奇想天外なライダースジャケット、すべてがファッションの大衆化の祭典だった。それからというもの、ジャン・ポール・ゴルティエの作品は店頭にならぶようになった。とくに肩入れしたのが日本の会社、樫山のブランドでサン＝ジェルマン大通りの「バスストップ」だった。一九七九年春、「グリース」とよばれた、「ジャン・ポール・ゴルティエ・プール・バス・ストップ」というラインを発表した。

一九八〇年四月、ジャン・ポールは、スカートやズボンの上に着る、長さを色々変えたメタリックなキルトスカートやディスコテック・ミニドレスで存在感を示していた。翌年のプレタポルテの長丁場のショーを終えた頃には、ファッションコラムニストたちは異口同音に述べたてた。もはやスティリストたちの作品をつらぬく主流というものは服飾の世界に存在しない、たがいにせめぎあい、対立している多様なスタイル、美学、インスピレーションの源泉があるのみだ、と。クリエイターたちはそれぞれ勝手な方向へ進んでいた。ゴルティエは一九六〇年代の産業倫理とファッション革命の影響を同時に受け、わざとみすぼらしくした継ぎはぎ《コラージュ》ファッションを生みだした。それは大衆のざっくばらんで雑然とした雰囲気がかもしだす美に近かった。

一九八〇年代初め、ゴルティエはその独創性、ユーモア、ノスタルジックな詩情をうち消したわけではなかったが、揶揄するような感じはなくなり、柔和さが加わった。攻撃性が消えた。ファッション界の異端児でいることに飽きたのだろうか？

ゴルティエは「ジュークボックス」、「フリッパー（ピンボール）」、「ストアズ1960」といった新作コレクションにかこまれ、服をハンガーにつるしたアンリ四世河岸のアトリエに記者たちを迎えいれた。彼の主張は一貫していた。「デザインするとき、僕は抽象的な考え方をしないし、アートのためのアートをめざすつもりはない。ファッション産業は売れる商品を求める。僕は今の時代に合ったものを創ろうとしている。そしてみずから服を選び、僕のように一部のラインや生地にはもううんざりしている人々の要求に敏感であろうと努めている」。

メディアはゴルティエの陽気な創造性、ショーにおける確信犯的露出趣味、大衆的な側面をとりあげた。クリエイターたちはかつてないほど時代の脈動、イメージキャンペーン、情報の洪水に敏感になっていた。時の流れは加速し、スティリストは目まぐるしい速さで活動し、シルク、ヴェール、ウール、レザーといった素材で大陸のエロティシズムを表現した。砂漠の娘たちは堂々たる足どりでショーの舞台を歩いた。ショーがおこなわれる週は、地図上に国境がなくなったかのようだった。こうしためくるめく作品の洪水のなかで異彩を放ったゴルティエの服は、もっともエスプリにあふれていた。

ゴルティエは魅力の法則をくつがえした。ノミの市スタイルでは、ギャグと意外な組み合わせと無秩序な第一印象で、ロマのような面白味のある、ちぐはぐで突拍子もない服を創った。彼の才能は、こうした大胆不敵なやり方が自分の世代の考え方と合致していることを理解していることだった。ゴルティエは不思議なだまし絵《トロンプルイユ》やキラキラのフリルを考え出し、風変わりな裏地にこった。彼は目くらましに長けていた。

シーズンをへるにつれ、メンズスカート、パレオのようにむすんだパイル地のタオル、モアレ加工された赤銅色のルダンゴット、奔放な少女のゲピエール（コルセット）とキュイサルド（腿まで入るブーツ）など、ゴルティエの作品に通底する要素が感じとれるようになった。その大胆なことといったらなかった！　ゴルティエのヒロインたちはモスリンのタブリエに身をつつみ、メンズのズボンをはき、丸くぽっちゃりした胸をかたどったライクラ（合繊）のカラコ（丈の短いジャケット）をはおった。男物も女物も流動的につながっていく。ゴルティエのデザインにはつねに揶揄がつきまとい、元競泳選手で女優だったエスター・ウィリアムズの（マーガレットの）ボンネットのように、ビニール製のマーガレットをローブマイヨ（水着）に飾ったり、ゲピエール（コルセット）を砂時計の形にデザインしたりした。もったいぶったファッションや気どり、ルーシュ（ひだ飾り）やフリルを、ゴルティエはあっけらかんとした上機嫌さで撥ねつけた。

一九八八年はジュニア・ゴルティエの初コレクションを発表した年だった。そのベーシックなファッションは一般の人々にとって求めやすい価格で提示され、ワンシーズンで四五万着以上売れた。

「あくまで時流とは無関係」と「エル」誌は書いた。ゴルティエの多様性に富むデザインは定義があまりにむずかしい。彼はあらゆる手がかりをはねのけ、解読の方法を一切無効にする。ゴルティエはファッションというだけでなく、J・P・Gというブランドがついていようといなかろうと、ひとつのライフスタイルであり、服を着たり脱いだりする様式のようなものである。パリからニューヨーク、ロンドンからバルセロナにいたるまで、若者もそれほど若くない者も、意識せずにゴルティエ流を実践しているのだ。ゴルティエ自身は他人のワードローブから借りてくることに遠慮のかけらもない。ファッションが芸術であることを否定し、クリエイターという仰々しいレッテルを断り、むしろ（ある内容を他の言語に移し替える）翻訳者とよばれることを好む。漠然とした願望をとらえ、それをあらゆる言語で明確な形にする、多言語通訳者のような存在だ。

ゴルティエが香水の分野にのりだしたのも当然といえば当然である。彼はフランスのロレアルグループと最初の契約をむすんだが、納得のいく企画にはつながらなかった。そこで一九九〇年七月、資生堂グループのフランスの子会社であるボーテ・プレステージ・インターナショナル（ＢＰＩ）経由で本社と合意した。一九九三年、とうとう初めての女性用香水、「クラシック」を発表した。ジャック・カヴァリエ＝ベルトルド（生粋のグラース人で、イヴ・サン＝ローランの「オピウム・プール・オム」、ランコムの「ポエム」を調香した）が創作したこの香水はオリエンタル、フローラル、パウダリーで、あたたかな甘い香りだった。トップノートはオレンジフラワー、ベルガモット、シトロン、マンダリン、ミドルノートはジャスミン、チュベローズ、イランイラン、ジンジャー、ベースノートはヴァニラ、シダーウッド、シナモン、アンバーからなる。祖母への追慕がこめられたボトルは、コルセットをつけた女性の上半身をかたどっており、缶の中に入っていた。版を重ねるにつれ、コルセットはいくつかのヴァージョンができた（ピンクや黒のレース模様のメタリックなものや女性らしいシルエットのふくよかなものなど）。

ゴルティエのミューズたちはコルセットを身に着け、ショーを最高の宣伝の場に変えた。ゴルティエは、かたよったトップモデル現象の影響を受けることなく、プロのスーパーモデルにくわえ、年を重ねても美しい女性、小柄で太った色っぽい女性、一風変わった人、ダンサー、アスリート、「善き未開人」、騒々しいパンク族、街で声をかけた人々をモデルとして使った。さらにゲスト・スターとして、キャロライン・ローブを家政婦に、歌手のマドンナのフィアンセをピンナップボーイに、ロッシ・デ・パルマを聖母のように、下町風のイヴェット・オルネを大衆的な女王に、アマンダ・レアを歌姫に、ディタ・フォン・ティースを軽やかな蝶に変身させたりした。人は安易に、彼のこれ見よがしの非プロフェッショナリズムを、メディアに注目されるための挑発、ブラックユーモア、前衛主義だと見なす。しかしゴルティエはジャンル、性、スタイルを混ぜ合わせ、さまざまな違いを容認しようとしたのである。ロックバンド「ゴシップ」のボーカリスト、ベス・ディットーをショーに出演させ、丸ぽちゃぶりをアピールさせたのは、けんかを売っているようなものだった。混血と社会的混成を肯定し、人種主義と同性愛者差別に抗議するゴルティエには政治的要素があった。

独創性と異種混合を志向するゴルティエは、さまざまな分野のアーティストたちとハイレヴェルなコラボレーションをくりひろげた。ポップ・ミュージック・グループのレ・リタ・ミツコ、振付師のレジーヌ・ショピノ、キャロル・アルミタージュ、アンジュラン・プレルジョカージュ、アーティストのイヴェット・オルネ、シルヴィー・ヴァルタン、アリエル・ドンバール、ミレーヌ・ファルメール、カイリー・ミノーグ、演出家のピーター・グリーナウェイ、ペドロ・アルモドバル、ジュネ&キャロ、リュック・ベッソンたちである。メディアにもっとも大きくとりあげられたのは歌手のマドンナとのコラボレーションだった。マドンナは一九八五年からゴルティエの衣装を着た。一九九〇年の「ブロンド・アンビション・ワールド・ツアー」のため、彼女はゴルティエに、まったく新しい衣装を一そろい作って、と頼んだ。作業に五か月かけた末、ダンサーやミュージシャンたちに二〇〇着、マドンナには六着のユーモアと魅力にあふれた衣装ができた。もっとも目を引いたのは、編み込みとミシンステッチをかけたサーモンピンクのサテンのコルセットだった。ビュスチェの腿の間の部分が透けて見え、バストは弾丸のようにつきだしていた。その姿は偶像的といってよかった。コルセットは抑圧の象徴というよりむしろ解放の印、自分の体の支配者となった女性の象徴となった。

一九九五年、ゴルティエは初めての男性用香水を出すことに決めた。とはいえ失敗作だったら鬼の首をとったようにいわれるだろうと分かっていた。昔の床屋の雰囲気を思い出し、伝統とのつながりをとりもどそうとした。髭にシャボンをつけられたときのすっきりする感じを思わせる、ほのかにミントの香りをおびたラヴェンダーの香調を想いうかべた。だから、「ルマル（男）」だった。ゴルティエはフランシス・クルジャンに仕事を頼んでみずからの嗅覚のたしかさを証明した。

クルジャンは一九六九年生まれ、長身で髪は褐色、男っぽい髭を生やした青年だった。彼がダンサーになる夢をあきらめ、調香師となることを決心したのは一九八五年のことだった。香料メーカー、「クエストインターナショナル」の研究所に入って本格的に勉強した。いまやフランシス・クルジャンが出したヒット商品の多さや驚くばかりである。アクア・ディ・パルマの「イリス・ノビレ」、バーバリーの「マイバーバリー」、ディオールの「コローニュ・ブランシュ」と「オー・ノワール」、ジョルジョ・アルマーニの「アルマーニ・マニア」、ゲランの「ローズ・バルバル」、ランコムの「ミラクル・プール・オム」、ランバンの「リュムール」、ニナ・リッチの「レクスタズ」、イヴ・サン＝ローランの「クーロス・コローニュ・スポーツ」などである。しかし、「ルマル」はクルジャンの初めての作品であり、一九九〇年代の初めに、まだ二五歳の若い彼にまかせることは勇気のいる賭けだった。

見事な勝利だった。クルジャンは、男らしさと力強さを感じさせる爽やかでスパイシーなフレグランスを考えた。トップノートのミント、ラヴェンダー、ベルガモットが先頭を切り、ミドルのシナモン、クミンのスパイシーノートが広がり、オレンジフラワーが引き立て役となる。ヴァニラ、トンカビーン、サンダルウッド、シダーウッドがあくまでオリエンタルなこのフレグランスのベースをしっかり支えている。ちなみに、このフレグランスは内輪で「ピウス七世」（ナポレオンと激しく対立した教皇）とよばれていた。スタッフはてっきり「ジャン・ポールII（ヨハネ・パウロ二世）」という名で発売されるのだと思っていた。（ゴルティエ、アラン・ド・ムルグ、ボーテ・プレステージ・インターナショナルグループの共作による）上半身をかたどったボトルはブルーのストライプが入ったセーラーシャツを着ていた。

「ルマル」の最高の切り札は、ゴルティエの意向を汲んでジャン＝バティスト・モンディーノが練った独創的な広告戦略だった。やや妄想的なフィルムによって、彼らは香水産業の伝統的な常識を突き破り、従来の堅苦しい雰囲気の発表形式を一変させた。もっとも有名なフィルムは、ベッリーニのオペラ「ノルマ」中のアリア「清《カス》らかな女神《ディーヴァ》よ」の陶酔的なメロディーに、「クラシック」と「ルマル」の欲望の世界をからめた「ルベーゼ」である。大胆な女性と水兵が広告としてはなんとも悩ましいキスをしつづけるシーンを撮ったものだ。数年後、バーの奥での秘密の「ルランデヴー」、二〇〇三年の官能的な「肌と肌」、二〇〇九年の「ラパルトマン」の熱い夜、とキャンペーンムービーは続いた。「ラパルトマン」は「クラシック」と「ルマル」の香りにまつわる新しい愛のエピソードを描いたもので、ゴルティエのスター的存在の二人が、コルセット姿の女性と水兵服の鍛えた船員という恋人役をそれぞれ演じた。つぎのフィルムでは二人の役柄は逆になり、美女が恋人の船員を悠然とまちうけている。ジャロッド・スコット演じる船員が愛する彼女のもとへ息せき切ってかけつける。彼が「いけないことかな?」とたずねると、彼女は答える。「いいえ、これほどクラシックなことってないわ」。セクシーですねた感じの男たちのさまざまな姿を描いた「ロッカールーム」というタイトルのムービーはゲイの間で圧倒的支持をえた。最新作は観客をJPG工場に招き入れ、舞台裏を見せるといった趣向だった。そこでは夢の中の光景のように、ピカピカのロボットやボートを漕ぐ水兵たち、コルセット姿の女たち、香水製造装置が登場し、テクノ・モードで「カスタ・ディーヴァ」の歌が流れている。

一九九七年一月、ゴルティエがファッションの殿堂入りを果たした。プレタポルテのもっとも輝かしい代表として、ゴルティエはパリクチュール組合の会員として認められた。周囲はいつ揚げ足とりをしようかと身がまえた。自身のオートクチュールコレクションを発表することに決めたゴルティエは、お得意の道化はひかえ目にすることにしたものの、幸運を手にし、同業者たちに新鮮な風を送った。マスコミはいつものおふざけがないことにがっかりもせず、見事な成果と評価した。大衆受けする活動をしていると解釈され、人気を得てきた彼にとって、危険な賭けではあった。生まれ育った雑然とした郊外から高級住宅街まで、このへだたりは大きい。しかしゴルティエは彼の受けたクラシックな教育を忘れず、見事なセンスでゴルティエヴァージョンのスモーキングや奇抜なパンツスーツを提示し、イヴ・サン＝ローランへの敬意を色々な形で示した。デビューした頃のジーンズにこだわるゴルティエは、表現を変え、刺繍をほどこし、赤銅色に染め、スパンコールをつけ、真珠のような光沢をあたえ、チュールやミンクで飾った。コルセットの上に白く渦まくチュールの雲をかけたようなイヴニングドレスは大きな喝采をあびた。目を楽しませた以上に、このコレクションの成功は、自然さといかにも軽快な感じで意表をつくもので、ファッションの活力を示す朗報となった。自己パロディ化におちいるような受け狙いの思いつきをやめたゴルティエは、新しい古典主義の基盤を築き、伝統は法則ではなく、まさに表現の問題であり、同業組合主義のしきたりをうち破り、強い個性によって内部から培われなければ存続しないことを証明した。型にはまらない伝統は、見事な切り口ですべての古典に新たな解釈をあたえる。（水兵の）ピージャケットからスモーキング、ボンバージャケットからジャンプスーツまで、ゴルティエは入念に準備し、磨き上げ、完璧に仕上げる。

パリを望む、スライド式パーティションで仕切られた部屋で、猛烈な勢いで仕事をするゴルティエには、自分自身の欲求というバロメーターしかない。彼はファッションショーに特別な名前をつけない。単に、ゴルティエ―パリとして、年とシーズンだけで区別している。何年かの間に、ゴルティエはさまざまな方向に目を向け、自分のこだわりを変化させた。称賛をよぶエレガンスを演出するための色、素材、抑制されたユーモアといった風に。

一九九九年、女性用の新しい香水、「フラジル」がフランシス・クルジャンの手で創られた。チュベローズの花から官能的でミステリアスなフレグランスが生まれた。フルーティ、スパイシー、ナルコティック（眠気を誘う）、フローラル、ウルトラソフィスティケイティッド、ウッディ、ムスキーな香調だった。ボトルは子ども時代の魔法の世界を連想させるスノーグローブで、金色の粉がきらきら舞う中に優美な女性が一人たたずんでいるというもので、何とも魅惑的だった。

一九九九年七月、ファッション界に衝撃が走った。エルメスが一億五〇〇〇万フランでジャン・ポール・ゴルティエの株式三五パーセントを取得したのである。記者会見で、ジャン・ポール・ゴルティエは自作のキルトスカートではなく濃い黒のスーツを着てエルメスのネクタイをしめており、エルメス社長のジャン＝ルイ・デュマの方はゴルティエのあのセーラーシャツを肩にさりげなくかけていた。ブルジョワジーがこのうえなく好むブランドと提携したことにゴルティエはすっかり満足していた。「子どもの時から、エルメスが象徴するあの高級感にずっと憧れていた。この歩み寄りは小型《カレ》四輪馬車《ーシュ》とマリンセーターの統合だ」。慢性的な赤字に苦しみ、オートクチュールを断念するブランドも多いなか、ゴルティエが半年ごとに売上高を倍加させている例外的なクチュリエの一人であることを、この提携はなにより示している。

二〇〇四年、貴族的きわまりないエルメスのプレタポルテを活気づけるため、ゴルティエがよばれたのも当然と言えば当然だった。自信を深めた彼は、サン＝マルタン通りに店をかまえ、スタッフも全員移動させた。賑やかな町の雰囲気、揶揄、奇抜な発想、創造性の世界から、フォーブール・サン＝トノレのブランドの静かな囲いの中にうつったのだ。ゴルティエはエルメスの世界に深く分け入り、自家薬籠中の物にし、過去の記録をさぐり、メゾンのコレクションを調べつくし、インスピレーションの湧く素材を探し求めた。その結果およそ五〇のデザインを編みだし、ゴルティエ印ではあるが、「きわめてエルメス的（so Hermès）」な申し分のないコレクションが完成した。テレビ番組「ユーロトラッシュ」で軽佻浮薄ぶりを発揮していたゴルティエが、さんざん冷やかしてきた、シックで「きれいなマダム《ジョリ》」を容認したのである。めずらしい革も、代々伝わってきたノウハウも、オートクチュールに匹敵する最高級のプレタポルテのラインも彼は思いどおりにできる身分になった。二〇人ほどのスタッフ、モデリスト、創作部門、皮革部門のアトリエが彼の指示の下に働いた。願ってもない境遇だった。マリンセーターとキルトスカートを着たタンタン（マンガ『タンタンの冒険』の主人公）時代を卒業し、ジャン・ポール・ゴルティエは黒ずくめの服を着たお堅い連中に敬意を表することになった。しかしゴルティエはあいかわらず青い瞳の奥にきらりと危険な光を宿し、煙にまくような身ぶりをつづける。

エルメスとゴルティエの提携は七年間続いた。ゆえにジャン・ポール・ゴルティエは毎年さまざまな分野（注文服、レディスプレタポルテ、メンズファッション、子供服、水着、小物、化粧品）でおよそ二〇のコレクションやラインを自分の名前で発表しただけでなく、年に二回、エルメスのプレタポルテのコレクションも手がけた。いくらゴルティエのような創造の鬼でもたいへんだった。周囲の人に恵まれていた彼は七〇年代からのひとにぎりの仲間を会社に引き入れ、身内の結束を固めることでなんとかしのいだ。

二〇〇三年、ゴルティエは男性用スキンケアやメイクアップ用品（アイライナー、ネイルケア、薄い色のリップクリーム）をふくむ、初めてのメンズ化粧品ライン、「トゥボー、トゥプロプル」を発表した。ゴルティエは資生堂チームと提携して製品のテクスチャーや処方にまで口を出した。ゴルティエにとってこのラインは「因習と形式のしばりから解放された男、自分の中の女性的で繊細な部分を認めた人」に贈るものだった。

二〇〇五年、彼は「ゴルティエ2」という名で、ユニセックスの三番目の香水を発表した。もちろんフランシス・クルジャンの手によるもので、肌を合わせる二人の官能的な光景を暗示している。トップノートはウッディで、ミドルノートはラブダナム、ホワイトムスクで、ベースノートはアンバーグリス、ヴァニラだった。

二〇〇八年、やはり発想力豊かなフランシス・クルジャンが手がけた「マ・ダム」が発売された。みずみずしくやわらかなフローラルフレグランスで、酸味をおびたオレンジピール、さわやかでとろりとしたビロードのようなローズ、ほのかなザクロ、適度に効いたムスクとシダーウッドで構成されていた。シンプルで幼い昔に還るような香りが好きな若い女性向きの香水だった。やや「少女趣味」だという批評もあった。しかし、香りそのものは現代的で解放的で反骨精神があった。発表の場では、ロックバンドの「アンドシン」のヒット曲、ゴルティエのおふざけ、破れたジーンズといった具合に、「マダム」始動のための演出が抜かりなく整えられた。淡いピンクのボトルにはコルセットが描き出されていたが、以前のものほど手が込んでいなかった。

二〇〇八年だけで一六〇種類の香水が発売されるなか、そこから頭角を現わすのは至難の技だった。コード、香水そのもの、香りの力、包装、宣伝において他をよせつけない提案をしなければならない。それこそゴルティエの得意技だった。

これにかんしてゴルティエの天才ぶりをもっともよく示す例が「ココリコ」の創作だった。ロッシ・デ・パルマがフラメンコのイメージをまとったミューズになった。一九九五年の「ルマル」の発売以来、たくましさとおだやかさ、男っぽさとグルマンノートをからみあわせた香水が猫も杓子もの勢いでつぎつぎと出た。ゴルティエはウッディグルマンノートに着目し、ヒットを狙うだけでなく、自分らしい製品にしようと考えた。要望に応えたのはアニック・メナルドとオリヴィエ・クレスプのコンビである。メナルドは早くからヒットを飛ばし（アルマーニの「アクア・ディ・ジオ」は彼女の作品だった）、クレスプは名品「エンジェル」の創作にかかわり、パコ・ラバンヌの「ブラックXS」やニナ・リッチの「ニナ」を手がけていた。ゴルティエはメナルドとクレスプに、彼ならではのオリジナリティを軸に、楽しんで仕事することをモットーにしてほしいと言った。結果、パチュリとカカオをからめたウッディな香りとなった。ラヴェンダーに始まり、イチジクがその後に続き、グルマンノートが最後をしめる。横顔をかたどったボトルもウィットがきいており、名前も発想豊かでユーモラスだった。

「ココリコ」は俗っぽく、気どっていて、くどくて平凡だという人もいた。すなわちいやな香りだと。香りにまったく一貫性がないともいわれた。反対に、押しつけがましくはっきりと迫ってくる独特のもち味がいいという人もいた。イチジクとマドレーヌの組み合わせがたがいに肌の上でせめぎ合い、一日中香りが持続するともいわれた。嫌悪、反発、矛盾する熱のこもった評価…。ブランドの美的特性とも一致する、ゴルティエのイメージそのもののような華やかな香水ができた。お騒がせ商品だった。

ゴルティエの勢いはとどまるところを知らなかった。二〇一二年には「クラシックX」という香水を発表した。トップノートはラズベリー、ベルガモット、ミドルノートはオレンジフラワー、ローズエッセンス、ベースノートはイリス、ヴァニラである。二〇一三年、「ルマル」のヒットに乗じて、フランシス・クルジャンによる「ルボーマル」が登場した。トップノートはミント、ミドルノートはフレッシュラヴェンダー、オレンジフラワー、セージ、ベースノートはムスクである。二〇一四年には、オードパルファン、「クラシック・アンタンス」がフランシス・クルジャンと日本の高砂インターナショナルの提携で誕生し(トップノートはタヒチクチナシ、オレンジフラワー、ミドルノートはローズ、ジャスミン、ベースノートはパチュリ、ヴァニラ)、二〇一五年には「ユルトラマル」がやはり余人をもってかえがたいフランシス・クルジャンによって作られた。トップノートはベルガモット、ペア(洋梨)、ミント、ラヴェンダー、ミドルノートはクミン、シナモン、セージ、ベースノートはヴァニラ、アンバーだった。

他のクチュリエたちがフレグランスの創作過程の終盤になってようやく関与し、どの香りにするかを選択するだけですませてしまうところを、ジャン・ポール・ゴルティエは初期段階から深く関わった。そして彼は自分の調香師を周囲に認めさせた。

ゴルティエの香水は二〇一六年まで、資生堂が主要株主であるボーテ・プレステージ・インターナショナル（ＢＰＩ）が理論的な開発をおこなってきた。しかし二〇一一年春、スペインの有力企業、プーチグループがゴルティエを買収した。フランスのファッション界の暴れ馬ゴルティエを手中にするため、プーチは一億ユーロを支払った（そのうち約六〇〇〇万はエルメスの保有していた四五パーセントをとりもどすためだった）。ジャン・ポール・ゴルティエも自分の持ち株の一〇パーセントをプーチに売り、会社の支配権をゆだねた。とはいえ彼は「創造とイメージの導き手《メートル》」でありつづけた。

プーチは早速ジャン・ポール・ゴルティエの香水のライセンスを取得にかかった。二〇一六年一月一日、プーチはついに予定より六か月早く、九〇〇〇万ユーロでゴルティエのフレグランス部門を傘下に収めることに成功した。プーチはもっとも売れている「香水たち」の世界における存在感をいっそう強めようとした。しかもゴルティエブランドによる売り上げは一億五〇〇〇万ユーロに達するとの見込みを立てていた。これは全体の売り上げの一〇パーセントに相当し、残りはパコ・ラバンヌ、ニナ・リッチ、キャロライナ・ヘレラ、ヴァレンティノ、プラダらのライセンスによるものだった。

ジャン・ポール・ゴルティエはもはや殿堂入りを果たし、回顧展はモントリオール、ニューヨーク、ロンドン、パリで多くの入場者を集めた。なぜこれほど彼は愛されるのだろうか？　ちょっといかれているが、その突拍子もない行動は、つねに新たなゴルティエをうち出して他を圧倒するための、ただひとつ筋の通った対処の仕方なのだ。このおどけた男は根は真面目なのだがそれを隠している。世界一の美女に「ゴミ袋ドレス」をまとわせたり、一文無しの女の子に王女のような格好をさせたりする。ファッションを通じて、ゴルティエの仕事は私たちの曖昧さ、情熱、不安、暗中模索、激しい幸福の追求を代弁してくれる。輝きと好奇心を失わない彼の眼は鋭さとやさしさをもって周囲のすべてを見渡している。彼は根っから人が良く、太陽のように明るい人間であり、その善良さは彼の世界からあふれるように広がっていく。ゴルティエはステレオタイプをくつがえし、ファッション用語をたえず混乱させ、驚異的な想像力を発揮する。彼はすべてに共通するスタイルをもっている。というのも、彼ほど無遠慮にエレガンスのコードにゆさぶりをかけられる人間はいないからだ。この天才的なお騒がせ屋は真のショーマンであり、キッチュなもち味と鋭い諧謔は彼のオートクチュールを彩り、パリのファッションの幅を広げつづけている。ゴルティエは祝祭、色彩、幸福を体現している。香水を第二の皮膚と考えており、香水に彼の個性が反映されている。豊饒で官能的で肉感的なゴルティエの香水はたとえようのない香跡を残す。「クラシック」、「ルマル」、「マ・ダム」は特色豊かで魅力のあるフレグランスである。

ゴルティエにかかっては、エキセントリックでエクレクティクな（多義性を持つ）言葉がつねにシックと調和する。彼は永久に羽目を外しつづけるだろうが、人々が称賛してやまない天性の気品をお守りのようにいつまでももっているだろう。

むすび

毎年、二〇〇〇種類の新しいフレグランスが発表される。二〇年前の二倍に相当する数だ。このフレグランスのインフレ現象の理由は簡単である。香水はもっとも手が届きやすくもっとも影響力のある高級品だからである。どんどん売れ、文化も国境もやすやすと越えていく。うまみのあるビジネスというだけでなく、ブランドの浸透にもつながり、つけている人は広告塔にもなる。いともたやすく夢の一片をまとうことができるのだ。

二〇世紀初め頃は、レストランに一人のシェフがいるように、それぞれの高級ブランドは一人の調香師をかかえていた。今日、こうした特権をいまだに得ているのはごく一にぎりの調香師だけである。現代のブランドのほとんどは、自社の香水の所有者、創作者、製造者のいずれでもない。販売者ですらないのだ。コングロマリットや化粧品の巨大企業とライセンス契約を結んでいるだけである。あるブランドがフレグランスの新製品を売り出そうとするときは、製品の目的を説明する明細書を作成し、複数のラボラトリーに競争させる。調香師とクリエイターが昼食を共にしながら、新しい香りをめぐって夢を語り合った古き良き時代とは異なり、今や方針を決めるのはマーケティング担当者だ。シャネルの「鼻《ネ》」（調香師）が述べているように、「No.5のような『クラシック』となる香りを創りたいというラボがいくつもあるが、おかどちがいだ。その時代の香りを創ろうとしなければいけない。それがいつかクラシックになるかもしれないのだから」

夢を運ぶ香水が大衆的高級路線にいささか迷いこむとしても、そのための解毒剤も同時に用意されている。すなわち、オートクチュールの香り、特別商品がそれだ。その贅沢さと価格の高さは香水というものにふさわしい地位を回復させる。限定豪華版や、製造中止になった香水の復刻版は、見事な細工をほどこした贅沢なボトルに詰められる。プラスチックが主流となる前にフレグランスを封印していた、すりあわせガラスのキャップまでついていることもある。鼻だけでなく眼も楽しませるこうした製品は時を超える楽しみを与える。限定版は売り出し期間の短さがその価値を高め、復刻版は輝かしい戦前を彷彿させる。エルネスト・ボーやコティのような調香師がパリのクチュールブランドの雰囲気を香りで表現していた時代だ。

大衆的マーケティングの誘惑とは縁がない香水は不思議な側面を維持している。注目をあび、魅了し、個性を完成させ強調する、さまざまな感動の迷宮だ。神々と人間との間の不思議な、神秘的でさえある絆なのだ。ムスクよりめずらしく、アンバーグリスより垂涎の的で、オスマンサスフラワーより貴重な香水は、真の幸福がそうであるようにエゴイスティックではなく、周囲に気前よくふりまき、愛する人々に分けあたえるささやかな幸福である。

香水用語解説

アコード
いくつかの香りの原料を組み合わせてできる効果。三、四種類から約一〇〇種類の原料を組み合わせた結果生じる。

アニマル
アニマルノートの香水といえば、一般にはシベット、ムスク、カストリウム、アンバーグリスを含むものをさす。これらはすべて動物由来の物質である。かつては香水の保留剤として使われた。

アブソリュート
純度と濃度が高く香りも強い天然原料。コンクリートをエタノールと混合する洗浄を行なって抽出される。アブソリュートはエッセンスよりさらに芳醇で揮発性が低い。アブソリュートは花の最も奥深い成分をふくんでいるからである。

アルデヒド
alcohol《アルコール》とdehydrogenatum《脱水素》に由来する言葉。柑橘類の果皮に自然な状態で存在している化合物である。いくつか種類があり、分子の大きさによってかすかに香りが異なるが、アルデヒドはメタリックな香りによって認識される。アルデヒドによっては多かれ少なかれ「石鹸っぽい」感じがする。フローラル系に華やかさと力強さをあたえ、今や香水製造にさかんにもちいられている。たとえばアルデヒドC9はレモンの香り、アルデヒドC10はオレンジの香りがする。アルデヒドを初めて使用したのはシャネルの五番をはじめとする香水である。一九〇〇年代に発見されたアルデヒドはもはや香水製造に欠かせない。

アンバー
アンバーとはヴァニラとシストラブダナムをベースにして組み合わせられた香りである。アンバーノートは温かく官能的で、一般的にオリエンタル系の香りにふくまれている。

アンバーグリス
マッコウクジラの腸結石からとれる香料。古代から香りを保留する力があるとされていた。

インセンス（香《こう》）
インセンスのエッセンシャルオイルは、アラビアやソマリアに自生するボスウェリア・サクラという樹木の樹脂を蒸留して採取する。オリエンタル系香水によくもちいられる。

ヴァニリン

ヴァニラの実にふくまれている成分。今や、蘭の一種であるヴァニラより安価な合成香料で代用されるようになった。

ヴィネグル・ド・トワレット

かつて万能薬と考えられていた非常に古くからあるローションの一種。調香師たちがこれに着目したのは一七世紀になってからだった。ディプティック（フレグランスメーカー）などが一九世紀の処方を発掘して商品化している。

ヴィレ（変質する）

経年や高温、あるいはつけている人の肌の酸性度によって香りが劣化あるいは変化することをいう。

エスペリデ（ヘスペリディック）

オレンジ、ベルガモット、レモン、グレープフルーツ、マンダリン、プチグレンといった柑橘類をベースにしたあらゆるオー・フレッシュをふくむ種類。ほかの要素の組み合わせによって、スパイシー系、フローラル系、ウッディ系といったヘスペリディック（シトラス系）ノートがえられる。

エキス
香水のカテゴリーのなかでもっとも芳香性が強く高価である。九〇度ないし九五度のアルコールに二〇〜四〇パーセントの濃度でエッセンシャルオイルを希釈したもの。一般的には、トップノートが二〇パーセント、ミドルノートが三〇パーセント、ベースノートが五〇パーセントの割合で、香りは長く持続する。非常に高価でもある。

エッセンシャルオイル
新鮮な、あるいは乾燥させた植物を水蒸気蒸留することによりえられる原料。エッセンスともよばれる。

エッセンス
エッセンシャルオイル。溶剤やアルコールにしか溶けない性質をもち、香水製造にもちいられる天然原料。

オーデコロン
さわやかで身が引きしまるような身だしなみ用の香水。六〇度のアルコールにエッセンシャルオイルを二〜三パーセントの濃度で希釈する。トップノートが八〇パーセント、ミドルノートが一〇パーセント、ベースノートが一〇パーセントを占めるので、香りは長く持続しない。

オスマンサス（金木犀）

アプリコットのような香りのする花が咲く中国産の樹木。ランバンのアルページュやエルメスの「オスマンサスユンナン」でもちいられている。

オードトワレ

六〇度のアルコールから作られるので、オードパルファンより軽い香り。賦香率（香料濃度）一〇パーセント未満。五〇パーセントを占めるトップノートはすぐに逃げてしまい、三〇パーセントのミドルノートは約一五分、二〇パーセントのベースノートは数時間持続する。

オードパルファン

エキスに近いもので、九〇度のアルコールにエッセンシャルオイルを一〇パーセントの濃度で溶かしたもの。トップノート四〇パーセント、ミドルノート三〇パーセント、ベースノート三〇パーセントという割合なので、最初は強く香るが、エキスに比べると長つづきしない。

オポポナックス

中東地方に自生する木の樹皮から採れる樹脂。ミルラと同様、樹皮からの分泌と蒸留によってえられる。温かい土のような香りは、とくにオリエンタル系のベースノートとして非常に有用である。

音階（段階）

香水製造の世界では多くの言葉を音楽用語から借りている。「ネ（鼻という意味で調香師をさす）」は香りを創る（composer＝作曲するという意味にもなる）ために幅広い（音階をもつ）原料をもちいる。さまざまなエッセンスは「オルガン（調香台）」にならべられている。

拡散

質のいい香水の場合、香調は周囲に華やかに広がる。香跡は一定している。

カストリウム

ビーバーの生殖腺の分泌物で、香水に温かいアニマルノートを与えるためにもちいられる。

柑橘系

シトラス系のフルーツ。オレンジ、シトロン、グレープフルーツ、マンダリン、ライム、セドラ、ベルガモット。エスペリデともいう。

ガルバナム

ゴム樹脂を採取するセリ科の植物。やや苦みのある香りはシャネルの一九番のようなグリーン系の香水にとりいれられている。

クマリン
トンカビーンから作られる合成香料。ベースノートで良く用いられ、保留剤の役割を果たす。

コンクリート
ベンゼンのような揮発性溶剤をもちいて、ジャスミン、ローズなど植物のエッセンシャルオイルを抽出する際にできる粘稠性あるいは固形物質。天然花のワックス状の状態で売られることもある。

コンサントレ
成分の配合、混合をへてアルコールで溶解する前の香りの濃縮物。コンサントレをアルコールでうすめればうすめるほど香りは弱くなる。一般にオードトワレは一二パーセント、香水は二〇パーセント以上の濃度。パトゥのジョイのように四〇パーセントの濃度のものもある。濃度が高いほど高価になる。

コンポジション
香水を構成する合成あるいは天然の物質の総体。

香跡
通り過ぎた後に残る香り。

シプレ
香りのカテゴリーの名称。シプレ系の香りにはオークモス、アイリスの根茎、パチュリ、シストラブダナムがふくまれる。

シストラブダナムあるいはラブダナム
地中海沿岸地域に自生する低木、Cistus ladaniferus《キストゥス・ラダニフェルス》から抽出される樹脂。そのアブソリュートはシプレ系香水にふくまれる。

シベット
野生猫の一種。エチオピアに生息する「シベット（麝香猫《じゃこうねこ》）」の生殖腺から分泌される褐色のペーストは貴重な香料となるが、動物虐待であるというエコロジストの主張から、使用は禁止された。麝香猫はSARS（重症急性呼吸器症候群）コロナウイルスの宿主であるとの指摘もあった。分泌物は香りの保留剤としてもちいられ、温かなアニマルノートと官能的な効果をあたえた。現在は合成香料がとってかわったが、効果はうすまった。

香水の分類
香水は七種類に大別される。
——アンバー（シャリマーなど）

——ウッディ（ゲランの「ベチバー」など）
——シプレ（カレーシュなど）
——レザー（メンズに多い）
——フローラル（No.5やジョイなど）
——フゼア（ゲランの「ジッキー」など）
——シトラス（オーデコロン）

樹脂

樹木の中で産生される樹脂は酸化によって固まる。アルコール洗浄した後に香水の原料となり、レジノイドとよばれる。

蒸留

古代からおこなわれた、水蒸気を冷却し精油をとるための技法。アランビックの容器の水を沸騰させ、上部にある穴のあいたプレートの上に、蒸留されるべき花や植物を載せる。発生した蒸気は上昇とともに植物の芳香成分を吸収し、冷却システムに取り込むことにより成分が凝縮される。上澄みをとって芳香成分と水分を分離し、エッセンスをえる。

ジュ

香りの濃縮物のアルコール溶液をさす、香水業界の慣用語。

スチラックス

小アジアや南アメリカの樹木から採れるバルサミックな香りをもつゴム樹脂で、保留剤としてもちいられる。

ダマスコン

リンゴとプラムの香りのする合成香料。

調香台（オルガン）

香水を作るのに欠かせない、さまざまなエッセンスを入れたボトルがそろえられた木製の台。種類別にアーチ形にならべられており、全体の形は教会のオルガンを思わせる。

チュベローズ

南東インドの花。過剰なほど強くうっとりする香りなので、調香師はみだりに使わない。

トンカビーン

高さ三〇メートルまで成長することもある、Dipteryx odorataというブラジル産チークの木の実にふくまれている。メキシコ、ブラジル、ベネズエラ、ギアナに見られる。タバコに似た香りはオリエンタル系の香水にアンバーノートをあたえる。

軟膏

香りをしみこませた脂肪性物質で、オードトワレが作られる前に古代から香料としてもちいられた。

ネ（鼻の意。調香師）

香水の創作者につけられた名称。昔は、シャネルのジャック・ポルジュ、エルメスのジャン＝クロード・エレナのように、各メゾンが専属の「ネ（鼻）」をもっていた。「ネ」たちがチームを組んで仕事をすることも多い。世間一般にはあまり知られていないが、なによりもまず創作者、アーティストである。

ネロリ

ビターオレンジの木（ビガラディエ）の葉を蒸留することによってえられるエッセンシャルオイル。ネロリは甘く華やかなノートとともに、さわやかではっきりしたスパイシーな香りをもつ。もっともよくもちいられるフローラルオイルのひとつ。

ノート
香りのピラミッドは三段階ある。
トップノートは香水ボトルを開けたとたんに弾ける。香りをつけたときの揮発の初期段階である。トップノートは爽快感をもたらすことが多く、あまり長持ちしない。香水の第一印象となる。
ハートノート（ミドルノート）は香水のテーマを決定する。トップノートの数分後、ベースノートが花開く前に拡散する。
ベースノートはもっとも揮発が遅いので、香りに持続性をあたえる。ベースノートで香跡が決まるので、ふと手にした服に香りが残っていることがある。

媒体
アルコール、石鹸、クリームなど、香りの濃縮物を希釈する環境。

バルサム
植物から分泌されるゴムあるいは樹脂をさす。香水の原料としてもちいられる。植物の樹皮からえられることがもっとも多く、切り込みを入れて採取する。

バルサミック
バルサミックノートとはバルサムすなわち芳香性樹脂が香水の中にふくまれているという意味であ

る。

パレット

調香師が自家薬籠中の物としている一そろいの原料。

プチグレン

ビターオレンジの枝葉を蒸留して採るエッセンシャルオイル。ネロリほどの苦みはない。

ベチバー

インドやインドネシア原産の植物で、根からエッセンシャルオイルを採る。レユニオン島、ブラジル、中国でも栽培されている。メンズ香水によくもちいられる。

フレグランス

快い香り。パルファンの別名。

ベース

ベースは、フレグランスを作るために調香師が起点とする、天然あるいは合成香料（またはその混合）のことである。

ヘディオン
スイスの香料メーカー、フィルメニヒが一九五九年に開発した。ジャスミンのアブソリュートから分離した香料分子で、ヘディオンは商標である。爽やかで華やかな香りのするこの物質はさほど強烈ではないが、一定のみずみずしさを持続させながら軽やかさをもたらすという特徴をもつ。ヘディオンはディオールの「オーソヴァージュ」で初めてもちいられた。世界でもっともよく香水製造に使われる分子のひとつであり、今日ではホワイトムスクと同様、ほとんどすべての香水にふくまれている。

ベルガモット
シトラス系の果実。果皮を圧搾して精油をとる。ベルガモットはほとんどのオーデコロンの製造にもちいられる。

ベンゾイン
スマトラ（インドネシア）の樹木からとれる樹脂。スチラックスベンゾイン。ヴァニラの香りがする。

マセラシオン（温浸抽出法）
香りの精製法のひとつで、エキスをアルコールに漬ける。漬ける期間は数か月に及ぶこともあり、特殊なステンレス槽がもちいられる。

マセラシオンは加熱法でおこなわれることもある。油脂とエッセンシャルオイルを混ぜてポマード状のものを作る。

ミルラ（没薬）

もっとも古いエッセンスのひとつで、イエス・キリスト生誕の際に東方の三博士が贈った宝物にもふくまれていた。アフリカ原産の樹木からとれる樹脂で、香水製造に今なおもちいられ、オリエンタル系香水にやや苦みのあるベースノートをくわえる。

ムエット

原料を吟味するために吹きつける細長い紙片。香水店では客に香りを嗅いでもらうためにもちいる。touche《トゥシュ》ともいう。

ムスク

中央アジアに棲息する麝香《じゃこう》鹿由来の原料。強い香りのムスクは雄のジャコウジカの生殖腺から分泌される。現在は合成香料（ホワイトムスク）で代用されるようになり、香水のベースノートを安定させると同時に、香跡を華やかにする役割を果たしている。

ラベージ

多年生草本植物で、ロゼット様の葉を広げる。花序の軸は二メートルくらいになることもある。垂直に長く伸びた根は多肉質で、非常に温かい香りのエッセンスが採れる。オリエンタル系香水によくもちいられる。

謝辞

パリおよびグラースの香水博物館、アルスナル図書館をはじめ、われわれの調査にご協力いただいた方々に御礼を申し上げます。

スキャパレリのセドリック・エドン氏、キャロンのシャンタル・エヴロン氏、ジェニフェル・シルヴェストル氏、ジョフレイ・プラス氏、プーチグループのニナ・リッチのマリー・バルボ氏、ケルン香水博物館のマリア・A・ムノス・オランテス氏に謝意を表します。ロジェ&ガレのカトリーヌ・シュヴァリエ氏、ロレアルグループのイヴ・サン＝ローランのミュリエル・フローシエル氏、ゲランのマリー・ラングレ氏にも大変お世話になりました。パトゥ副社長ブリュノ・G・コタール氏、ドロテ・デュトワ氏、ランバン遺産責任者ロール・アリヴェル氏、カルヴァンTHコミュニケーションのマルゴー・フィエット氏にも深謝いたします。

マリー＝クリスティーヌ・ドゥプラン氏にもご助力いただきました。セヴリーヌ・デュスジンスキー氏、ヴァレリー・マルタン氏にも専門的なご助言を賜りました。末筆ながら、コンスタンス・ド・バルティヤ氏とシャルル・フィカ氏にも心から感謝を申し上げます。

参考文献

香水について

Ellena (Jean-Claude), *Le Parfum*, PUF, 2007.（香水——香りの秘密と調香師の技』芳野まい訳、2010年、クセジュ文庫、白水社）

Feydeau (Élisabeth de), *Les parfums, Histoire, Anthologie, Dictionnaire*, Robert Laffont, 2011.

Gaborit (Jean-Yves), *Parfums, Prestige et haute couture*, Office du Livre, 1985.

Grasse (Marie-Christine), Feydeau (Elisabeth de), Ghozland (Freddy), *XXe-XXIe siècles, Le Parfum, l'un des sens*, Aubéron, 2012.

Gauthier (Marie-Dominique), *Parfums mythiques*, Éditionsde La Martinière, 2011.

Jitrois (Jean-Claude), Lhote (Gilles), *Parfums de stars*, Éditions 1, Filipacchi, 1990.

Le Guérer (Annick), *Les Pouvoirs de l'odeu*r, Odile Jacob, 1998.

Le Guérer (Annick), *Le Parfum, des origines à nos jours*, Odile Jacob, 2005.

Canac (Patty), Socquet (Samuel), *Le Temps du parfum*, Minerva, 2008.

Gobet (Magalie), Le Gall (Émmeline), *Le Parfum*, Honoré Champion Éditeur, 2011.

Sagan (Françoise), Hanoteau (Guillaume), *Il est des parfums...*, Jean Dullis Éditeur, 1973.

Samet (Janie), *Chère haute couture*, Plon, 2006.

第１章　ジャン＝マリー・ファリナのオーデコロン

Ecktein (Markus), *Eau de Cologne*, les 300 ans de Farina, J.P. Bachem Verlag, 2009.

Pillivuyt (Ghislaine), *Les Flacons de la séduction*, l'Art du parfum au Pillivuyt : XVIIIe siècle, Bibliothèques des Arts, 1985.

第2章　シャネルの五番

Baxter-Wright (Emma), *Le Petit Livre de Chanel,* Eyrolles, 2012.
Charles-Roux (Edmonde), *L'Irrégulière, L'Itinéraire de Coco Chanel*, Grasset, 1974.
Fiemeyer (Isabelle), *Coco Chanel, un Parfum de mystère,* Payot 1999.
Fiemeyer (Isabelle), *Chanel intime*, Flammarion, 2011.
Galante (Pierre), *Les Années Chanel*, Mercure de France, 1972.
Catalogue de l'exposition *Numéro 5 culture Chanel*, au Palais de Tokyo à Paris, du 5 ami au 5 juin 2013.
Lelièvre, (Marie-Dominique), *Chanel & Co, Les amies de Coco,* Denoël 2013.
Mazzeo (Tilar J.), *The Secret of Chanel N° 5*, Harper & Collins, 2010.
Morand (Paul), *L'Allure de Chanel*, Hermann, 1996.
Picardie (Justine), *Chanel, sa vie*, Steidl publishers, 2010.

第3章　ゲランのシャリマー

Barillé (Elisabeth), *Guerlain*, Assouline, 2011.
Fellous (Colette), *Guerlain*, Denoël, 1987.
Guerlain (Jean-Paul), *Les Routes de mes parfums*, Le cherche midi, 2002.

第4章　ジャンヌ・ランバンのアルページュ

Barillé (Elisabeth), *Lanvin*, Assouline, 2006.
Historia, août 2002, « Jeanne Lanvin » par Pascal Marchetti- Leca.
Merceron (Dean), *Lanvin*, Rizzoli, 2007.
Mestre (Jeanne), *Jeanne Lanvin, arpèges*, Le Passage, 2015.
Picon (Jérôme), *Jeanne Lanvin*, Flammarion, 2002.

第5章　パトゥのジョイ

Etherington-Smith (Meredith), *Patou*, Denoël, 1983.
Polle (Emmanuelle), *Jean Patou, une vie sur mesure*, Flammarion, 2013.
Le Figaro, 19-20 avril 2014, « Jean Patou, le sillage d'un homme pressé » par Chloé Glachant.

第6章　キャロンのプールアンオム

Colard (Grégoire), *Caron, le charme secret d'une maison parfumée*, Lattès, 1984.

Martin-Hattemberg (Jean-Marie), *Caron parfumeur*, Milan, 2002.

第7章　エルザ・スキャパレリのショッキング

Baxter-Wright (Emma), *Le Petit Livre de Schiaparelli*, Eyrolles, 2012.

Baudot (François), *Schiaparelli*, Assouline, 1998.

Berenson (Marisa), *Elsa Schiaparelli's Album*, Double-

Barrelled Books, 2014.

Blum (Dilys E.), *Elsa Schiaparelli*, Ucad, 2004.

Schiaparelli (Elsa), *Shocking*, Denoël, 1954.

Secrest (Meryle), *Elsa Schiaparelli*, Penguin, 2015.

Samet (Janie), 《Elsa Schiaparelli invente la couture spectacle》, *Le Figaro*, 18 mars 2004.

第8章　ロシャスのファム

Alaux (Jeanine), *Histoires de charmes*, Parfums Rochas.

Mohrt (Françoise), *Marcel Rochas, 30 ans d'élégance et de créations*, Jacques Damase, 1983.

Rochas (Marcel), *Vingt-cinq ans d'élégance à Paris*, Pierre Tisné, 1951.

Rochas (Sophie), *Marcel Rochas*, audace et élégance, Flammarion, 2015.

第9章　カルヴァンのマグリフ

Paulvé (Dominique), *Carven*, Gründ, 1995.

Saillard (Olivier) et Join-Diéterlé (Catherine), *Madame Carven*, Paris-Musées, 2002.

第10章　クリスチャン・ディオールのミスディオール

Frasser-Cavassoni (Natasha), *Monsieur Dior, il était une fois*, Pointed Leaf Press, 2014.

Giroud (Françoise) Van Dorssen (Sacha), *Dior*, Éditions du Regard, 1987.

Huster (Francis), *Et Dior créa la femme*, le cherche midi, 2012.

Pochna (Marie-France), *Christian Dior*, Flammarion, 1994.（『クリスチャン・ディオール』髙橋洋一訳，1997年，講談社）
Rabineau (Isabelle), *Double Dior*, Denoël, 2012.
Vignoli(Lisa), « Le parfum au musée », *ELLE*, 8 novembre 2013.

第11章　ニナ・リッチのレールデュタン

Bony (Anne), Canino (Patricia), Pochna (Marie-France), *Nina Ricci*, Éditions du Regard, 1992.
Meyer-Stabley (Bertrand) *12 couturières qui ont changé l'Histoir e*, Pygmalion, 2013.

第12章　ユベール・ド・ジバンシーのランテルディ

Liaut (Jean-Noël), *Hubert de Givenchy, entre vies et légendes*, Grasset, 2000.
Bacrie (Lydia) et Crouzet (Guillaume), « Hubert de Givenchy,
La particule élémentaire », *L'Express* du 6 septembre 2007.
Meyer-Stabley (Bertrand), *La Véritable Audrey Hepburn*,Pygmalion, 2007.

第13章　エルメスのカレーシュ

Ellena (Jean-Claude), *Journal d'un parfumeur*, Sabine Wespieser, 2011.（『調香師日記』新間美也監修、大林薫訳、2011年、原書房）
Saillard (Olivier) *Petit lexique des gestes Hermès,* Actes Sud, 2012.
Pouliquen (Katell), « Tout savoir sur la maison Hermès », *L'Express*, 19 novembre 2010.
Luc (Virginie), « Pierre-Alexis Dumas, Libre comme l'art », *Clés*, juin-juillet 2013.

第14章　イヴ・サン=ローランのオピウム

Benaïm (Laurence), *Yves Saint Laurent*, Grasset, 2002.
Lelièvre (Marie-Dominique), *Saint Laurent, Mauvais garçon*, Flammarion, 2010.

第15章　ジャン・ポール・ゴルティエのルマル

Chenoune (Farid), *Jean Paul Gaultier*, Assouline, 2000.

Gouslan (Elizabeth), *Jean Paul Gaultier, punk sentimental*, Grasset, 2010.
Loriot (Thierry Maxime), *La planète mode de Jean Paul Gaultier*, éditions de la Martinière, 2011.

◆著者略歴◆
アンヌ・ダヴィス（Anne Davis）
エル誌の編集者、ライター。ファッション、美容、健康の分野で 25 年のキャリアをもち、健康関連の著書をいくつか刊行している。

ベルトラン・メヤ＝スタブレ（Bertrand Meyer-Stabley）
ジャーナリスト、作家。長年エル誌のライターをつとめ、マリー・ローランサン、マリア・カラス、フランソワーズ・サガン、イングリッド・バーグマンなど、20 世紀の伝説的女性の伝記を多数書いている。著書は、およそ 10 か国で翻訳されている。

◆訳者略歴◆
清水珠代（しみず・たまよ）
上智大学文学部フランス文学科卒業。訳書に、ディアンヌ・デュクレ／エマニュエル・エシュト『独裁者たちの最期の日々』（原書房）、ジャン＝クリストフ・ブリザール／クロード・ケテル『独裁者の子どもたち――スターリン、毛沢東からムバーラクまで』（原書房）、フレデリック・ルノワール『生きかたに迷った人への 20 章』（柏書房）、共訳書に、セルジュ・ラフィ『カストロ』（原書房）、ヴィリジル・タナズ『チェーホフ』（祥伝社）、フレデリック・ルノワール『ソクラテス・イエス・ブッダ――三賢人の言葉、そして生涯』（柏書房）、ディアンヌ・デュクレ『女と独裁者――愛欲と権力の世界史』（柏書房）などがある。

フランス香水伝説物語《こうすいでんせつものがたり》
文化《ぶんか》、歴史《れきし》からファッションまで

●

2018年4月10日　第1刷

著者………アンヌ・ダヴィス
　　　　　ベルトラン・メヤ＝スタブレ
訳者………清水珠代《しみずたまよ》
装幀………川島進デザイン室
本文組版・印刷………株式会社ディグ
カバー印刷………株式会社明光社
製本………小高製本工業株式会社
発行者………成瀬雅人

発行所………株式会社原書房
〒160－0022　東京都新宿区新宿1－25－13
電話・代表　03(3354)0685
http://www.harashobo.co.jp
振替・00150－6－151594
ISBN978-4-562-05490-9